藍學堂

學習・奇趣・輕鬆讀

陳啟鵬 著

不宮鬥
也能強大

卸下堂皇的史家手筆，
另類解析你所不知道的歷史批踢踢工作板真相，

讓古人告訴你，官場、職場、生意場的自我強大之道。

目錄

上位

無奸不商，當老闆的就是唯利是圖？——078

市場就是商人的祖國？清代紅頂商人胡雪巖、王熾、周瑩告訴你，
不賺錢的企業是不道德的，落實個人理念和回饋國家社會之前，得先把事業經營成功。

獨立思考的乖乖牌，才有舞台——088

菜鳥只能有耳無嘴、乖乖聽話？讓人刮目相看的三國呂蒙告訴你，
不要因為「菜」，就一切聽從他人指示，因為老闆要的不只是聽話，而是聽懂。

晉升之道，把豬隊友變神救援——096

不怕神一般的對手，就怕豬一般的隊友。管仲、荊軻告訴你，
識人之能、知人之智，把隊友或自己變成神救援，就是你踏上主管之路的開始。

自保

踩線者必須死的天字號禁忌——146

揣摩上意讓你上位，犯了天條則會讓你上天堂。天才楊修的故事告訴你，老闆不明說的心中大忌，一是我沒給的你不准搶；二是我沒定的你不許下。

有才者必修，當酸民不等於講真話——154

系出名門加上讓梨美談，為何最後株連三族？神童孔融聰穎有餘但白目無禮，愛當酸民好批評，公然挖苦老闆。若你是老闆曹操，殺他也是剛好而已。

就算是對的事，傲嬌注定壯志未酬——162

忠心耿耿不是過，公然抗命才是錯。名將岳飛的遭遇告訴你，對老闆來說，眼前這個任性傲嬌又耍脾氣的下屬，比遠方的敵人更加可怕。

御人

領導風格決定團隊效率——202

不同風格的領導人，決定人才聚集的類型。從曹操與劉備看，
權謀型領導人，人才易聚但難以忠誠；仁德型領導人，誠信服人但易錯失先機。

別用自己的完美主義綁架別人——210

你做得到，不代表別人都做得到。義薄雲天的關羽告訴你完美主義者，
可以嚴以律己，但不應該推己及人；累積民怨的結果將是離心離德、孤立無援。

讓部屬服你、挺你的帶心術——217

新官上任三把火，但要小心燒到自己！從管仲、孟子、吳起身上學，
第一次當主管就上手的帶心術，建立威望和影響力，讓部屬乖乖聽話、死忠相挺。

推薦序

以史為鏡可以知興替，以（本）書為鏡可以常加薪

人氣部落客　螺蛳拜恩

放眼望去，市面上職場書何其多？有的以顯赫工作履歷為號召，有的以「偽」科普吸引讀者，作者們想於一片書海中跳出新意、跳出創意、成為讀者心中最柔軟那一塊地之安慰劑。偏偏多數書籍讀一本如讀十本、讀十本如讀一本，本本皆新瓶裝舊酒，一而再、再而三老調重彈，看到都得眼翳病了，害得半夜母親還喚醒我，用舌頭舔我的病眼（妳胡適嗎妳？我看是胡說吧！）。

先不說陳啟鵬老師是個人心目中的偶像（放在心裡尊敬那種），《不宮鬥也能強大》一書，倒是披荊斬棘，在眾多職場書中開出一條通往翡翠城的黃磚路。本書非但具有建

設性的工具書意義，還帶來普通職場書欠缺之閱讀樂趣，學習不再是教條式說理，而是從活潑生動的歷史故事中鑑古知今，正如唐太宗所言：「以銅為鏡，可以正衣冠；以史為鏡，可以知興替。」

《不宮鬥也能強大》涉及面向含括職場菜鳥、老鳥、中高階主管以至於創業元老（不過我想創業元老應該忙著酒池肉林，沒空看書），內容面面俱到，與其說它是針對某一階層的職場方針或指南，更像是綜觀全局的自我強大之道與生存技能，結合台灣業界現況，賦予歷史深層內涵意義。

例如談到公司常見的小團體鬥爭文化時，書中說明小團體是管理上的必要之惡，以康熙和慈禧為正／反例子，闡釋巧妙平衡兩派勢力，可導向良性競爭以增加公司生產力；但若私心借黨爭剷除異己（比如幹掉公司裡最美、最瘦的女人，企圖降低女性員工的平均顏值），操弄結果將反噬自身。該篇章甚至進一步提及史上知名的「刺馬案」，以及滿清四大奇案中的「楊乃武與小白菜」（不是色色的那個版本，讓大家失望了），同時滿足讀者理性的渴望及感性的追求。

除卻大家熟悉的歷史故事外，《不宮鬥也能強大》亦論及鮮為人知的歷史真相和另類嶄新觀點，譬如面對同事惡意製造的流言蜚語時，千萬別天真地相信「事實勝於雄辯」，因為謠言不一定止於智者，卻一定始於智障。以背負萬年臭名的武大郎與潘金蓮來講，這對璧人原是清官與千金，但武植（武大郎原名）在無意中得罪同窗好友黃堂後，黃堂便捏造、醜化兩人的謠言，並四處宣傳，後來被施耐庵寫入小說《水滸傳》，蘭陵笑笑生更發揮二創精神，創作千古流傳之《金瓶梅》，此後誰知清官與千金，只知短腿和碧取。故時間不會還你清白，勇氣才會，尤其是向梁靜茹借來的。

再如，一般人對老鳥或上司的提拔總充滿感恩的心～感謝有你～（高唱），極少懷抱疑心，然而本書從歷史長河的脈絡中，以敏銳目光切入一個值得留心的角度：知遇之恩背後是否隱藏異心或別有目的？該章舉韓信、蔡鍔和魏忠賢為例，解析有時施予小惠，是想以提攜的情分進行牽制之暗黑兵法，防人之心不可無。

總體而言，除上述優點外，《不宮鬥也能強大》條理明晰，文筆行雲流水、無贅字冗詞，全書分「真相、上位、自保、御人」四大篇章，每篇提綱挈領，從論述、舉例、總結、至重點彙整皆井然有序，章節段落明確，易於閱讀理解，可同時增加歷史知識並應用通達權變之術於職場生涯。全書內容、文字質量均為上勝，無虎頭蛇尾之弊病，不愧出於名師之筆。看完很想送一本給電視劇《如懿傳》的乾隆，一面用印章蓋他腦門、一面說：「泥砍砍泥砍砍（譯：你看看）～不宮鬥也能強大，這才是為人為君為政之道。」至於為夫和不舉之道，請另行參考O鵰牌松茸藥酒，謝謝。

推薦序

你的職場危機，源於對職場關係的「無知」與「無能為力」

「職場黑馬學」版主　黑主任

黑主任很喜歡歷史，喜歡回味在歷史長河中的那些人與事，更喜歡看到歷史上似曾相識的一幕幕場景，在現世職場中真實上演。

我經常在ＦＢ後台收到許多粉絲的留言，覺得自己在職場中受到了委屈感到不開心，我猜你對他們受到的委屈並不陌生：

明明是同事犯的錯，卻惡人先告狀，把黑鍋都丟給我背，我為自己申辯，她就假惺惺地在眾人面前說讓大家不要怪我，是她原以為我可以勝任工作因此疏忽了監督，錯在她……就這樣她成了同事眼中的好人，而我卻變成了惱羞成怒，又死不認錯的人了？

我原先的部門被對手合併了，沒錯就是站錯邊，原想在新部門好好表現，但卻一直受到排擠和冷落，主管也是睜一隻眼閉一隻眼，把好的工作和表現機會都給他原來的下屬……。

我是一位空降來的主管，我的下屬並不服我，出工不出力就算了，每次對我的命令都左耳進、右耳出，我知道他們一直在搞自己的小團體試圖架空我，再這樣下去感覺自己和光杆司令沒什麼差別……。

遇到這些情況，我猜你心中的解決辦法是「跳槽，換一個環境重新開始」，然而即使換了一個新環境，之前你所遇到這些問題有很大的概率會再次上演，為什麼？因為這些問題的背後都源於四個字：職場關係。

對職場關係的「無知」與「無能為力」，將是你職場生涯的致命危機，說個我親眼目睹的真實案例，黑主任有位同事A能力出眾，深得某高層信任，該高層為了提攜A不斷在董事長面前說好話，給A很多表現機會，甚至將原部門的一把手撤下去，就為了扶A上位，一時間風光無限。

A上位後秉持明哲保身的原則，雖然工作表現依然出色，但並沒有在權利鬥爭中給予該高層太多的幫助，令高層十分失望，不到一年該高層就拋棄了A，用同樣手法扶持另一人上位，可謂「成也關係，敗也關係」。A以為高層提拔他是因為「慧眼識英雄」，這是「無知」；而上位後無法嚮應高層的期待以致被拉下台，此為「無能為力」。

A和高層的關係，與中國古代朝堂上的「朋黨關係」何其相似，很多人說讀歷史是為了以史為鑒，但其實歷史根本就沒有變化，時代變了、技術變了、人的思想變了，但人的本性、慾望和弱點都沒變，以至於古人在官場上犯的錯，現代人在職場上還會再犯。

陳啟鵬老師的這本《不宮鬥也能強大》是一本可以輕鬆透過歷史官場故事，帶我們看透和駕馭「職場關係」的書，對各種職場難題都提出了有建設性、系統性的分析見解，包括：如何應對流言蜚語？如何統御下屬樹立權威？如何自薦爭取表現的舞台？如何……一口氣讀完感覺很過癮，反覆看了一遍，依然覺得有趣，細細琢磨下更多出幾分耐人尋味。是的，這不僅是一本有趣的歷史書，更是一本職場關係的應對聖經。

推薦序

鑑往知來，歷史不僅僅只是歷史

職場部落客　萬惡的人力資源主管

還記得很多年前的某一天，我太太坐在電視前面收看某一齣非常熱門的歷史連續劇。大抵上那天的情節是，皇帝終於發現自己誤信奸臣，懊悔地公開道歉說自己錯了，結果底下文武百官紛紛下跪，高呼「皇上知錯能改，是萬民之福」。

我記得那時看到這一幕挺不以為然的，戲謔地開玩笑說：「皇帝誤信奸臣，許多好人要嘛失去性命、要嘛流放邊疆，現在只要一聲道歉，大家還要感謝這莫大的恩惠。結論就是老闆永遠不會有錯啊！就算有錯，倒楣的也是底下的人……」

其實歷史一直是很有趣的。

比方說我們都讀過的義和團和八國聯軍，事實上，慈禧倒也不是真的相信義和團

「神靈附體、能禦槍砲」的那番胡說八道，歸根究柢，還是跟宮廷裡的政治鬥爭有關係，為的是戊戌變法後期的保皇聲浪。又比方說「蕭何月下追韓信」的故事，蕭何肯定是看出了韓信的將才，要不然當時軍營裡逃兵的人何其多，卻只有一個韓信值得蕭何去追，後來韓信果然也為劉邦打下了江山。

至於劉邦當上皇帝以後又如何呢？我們可別忘了「成也蕭何、敗也蕭何」這句話了。

我們都知道的另外一句話是「以古為鑒，可知興替」。無論是歷史書或是電視上的歷史劇，當作故事來欣賞挺不錯，如果認真地想想，當中往往還有很多道理。無論是人性的算計、權力的交迭、組織的興衰、人與人之間相處的微妙之處，歷史上發生過的，搬到現代來，其實也差不了太多。我們這些現代人的處境幸運得多，不會因為得罪老闆就惹來殺身之禍，但在職場上，怎麼面對同事既競爭又合作的關係、怎麼爭取主管的支持甚至升遷的機會、怎麼在逆境中控制局面力求反敗為勝、怎麼在成功後謹慎行事不至於功高震主……每一個問題都很難，不過其實，這些場景或情節，歷史上都曾經發生過。如果能夠鑑往知來，歷史就不僅僅只是歷史了。

寫到這裡突然想起，故事一開始的皇帝算是幸運的了，比較不幸的皇帝，最後只能說「朕非亡國之君，臣乃亡國之臣」了。

推薦序

貼近現今生活與職場的歷史新觀點

東森財經台新聞總監／世新大學傳播博士　許志明

東森財經新聞台《現代啟示錄》，是一個受觀眾歡迎的歷史型態節目，製播至今（二〇一八年底）已經超過十年，而且也播出將近九百集。這麼多年來，啟鵬老師一直是這個節目的固定歷史名嘴，他也一直在電視上陪伴觀眾，解說精彩的歷史故事。從這個節目的收視率來看，啟鵬老師絕對是票房保證，他在節目中的表現，也深受觀眾喜愛。

有幸搶先閱讀啟鵬老師新作《不宮鬥也能強大》，就如同電視廣告詞所說的：「一打開就讓人停不下來！」的確，啟鵬老師對於文字運用的誘人魅力，完全不遜於他在電視節目對歷史事件和歷史人物一針見血的解析功力！而且，《不宮鬥也能強大》的出版，無疑也讓啟鵬老師的成就更上層樓。

因為這本書不單是生動的講解歷史人物和歷史故事而已，它還結合了現今職場心理學、厚黑學、管理學，並且也涉及口語傳播學中的「修辭」、「說服」、「談判」、「賽局理論」等，如果沒有博覽古今文獻與相關理論，斷是寫不出來這本書的相應厚度！但這本書最可貴之處，在於拋開傳統歷史的意識型態包袱，從現今職場角度切入歷史人物在重要場合中的應對進退、機智表現和他們的人生際遇，並且以獨特眼光重新加以詮釋，由此，歷史人物的「成」與「敗」也重新被定位。

所謂的「忠臣」、「好官」，他們在歷史教科書或典籍記載中，可能是忠心不二、義薄雲天；他們的死，更是驚天地、泣鬼神。但是從現代職場觀點來看，他們的悲壯結局，原先應該是可以避免的！因為他們可能是自負和自傲過了頭、沒有危機意識、沒有看清楚職場瞬息萬變的情勢變化、沒有讀懂老闆的真正心思，所以最後招來殺身之禍。反過來說，過去在歷史上被認為是「奸詐」、「狡猾」、「城府深」、「牆頭草」或是「懦弱」、「扶不起」的領導人物，以現今職場角度來說，卻是能夠讓自己在險惡環境中全身而退的學習模範。

作者不以古代人物早已被框架的歷史定位論英雄，而是以「誰能在職場中勝出」及

「誰能在凶險環境中自我保全」作為判斷依據，讓歷史人物以不同的面貌和定位，重新呈現在現代社會的職場環境中。他們的作為，有那些聰明和不聰明的地方、他們有那些不該犯而犯的錯誤，書中一一詳盡且犀利的點評，足以讓上班族作為借鏡！其中，也融入了作者個人的一些工作經驗，作為職場規則的相互印證。《不宮鬥也能強大》這本書，可以很快的讓你讀懂，為何職場中「不鬥爭仍能屹立不搖」，而且能夠讓你心有所悟，避免自己在職場中成為「悲劇英雄」，這是它最有價值之處！同時，作者將古代歷史與現代職場相互融合，忽古忽今的筆法巧妙穿梭，卻不讓讀者感覺迷失於浩瀚歷史之中，這也是啟鵬老師展現深厚筆下功力之處。

中國古代歷史的價值觀設定，植基於中國儒家傳統思想，但是這種價值觀，已經無法完全框架住現代社會的多元發展，時至今日，必須要有另一種觀點重新詮釋歷史人物的言行，這樣的歷史，才能真正為現代社會所用。在詮釋學中，不論是施萊爾馬赫說的「比作者還要更好的理解作者」，或者是羅蘭．巴特所主張的「作者已死」，都讓詮釋學不再只臣屬於原作者，詮釋者所創造的藝術成就，有可能和原作者平起平坐，甚至高過於原作者。

我們看到許多跟《西遊記》有關的改編電影，片尾在跑工作人員的名單時，原作者吳承恩的名字永遠被擺在最後一個才出現，因為對於這部電影的生產來說，導演、演員、配樂、改編劇本、甚至是場記，其貢獻性都遠高於原作者！而經過改編之後的電影或著作，它所呈現的價值觀，是現代人所能夠接受的，它也就發揮了比原作者更強大的影響力。

《不宮鬥也能強大》這本書中所呈現的歷史觀，不是要全部推翻儒家傳統思想，而是發揮作者在詮釋學上的嶄新觀點，讓歷史能夠更加貼近現代社會，並充分為現今職場和生活所用，這是本書最大的貢獻。

推薦序

從實用中看見歷史

文史專欄作家　余遠炫

我與陳啟鵬老師認識多年，我跟他的人生軌跡也走得很類似，所以覺得跟他特別投緣，也常有機會同台切磋，受益良多。

啟鵬老師讀中文系，並以此為基礎鑽研文史類知識，應用在各個不同領域上。他是補習班著名的歷史科王牌，是國中基測的解題名師，也是各大媒體爭相採訪的歷史專家，透過他生動的解說，總能讓觀眾能很容易的了解歷史；他撰寫的這本著作，也爬梳、整理許多可用於職場應對上的歷史脈絡。

其實歷史本就是人類各種文明的總和，它是一個有機體，觀照著人類各種文明的興起、發展、繁榮、衰弱與滅亡。所以對古代的君主來說，歷史之學是門重要的學科，堪稱是「帝王之學」，也就是唐太宗所說的「以史為鏡，可以知興替」，歷史學科絕對不是記憶之學而已，而是充滿邏輯的、理性的一門課程，足以影響我們的一生。

讀歷史可以增長智慧，擴大視野，更可以從實用中看見歷史之輪的軌跡。當歷史只是考試科目時，我們對歷史的了解就侷限在年代、人名、事件等資料上打轉，忘了這些事件背後重要的因果關係與歷史循環。近年來「實用歷史」已是顯學，讓我們看見原來學習歷史有這麼多的價值，它可以應用在軍事，也可應用在商場，更可以成為人事指南，也可以引領風潮再成時尚。

啟鵬老師這本《不宮鬥也能強大》，是他為商周.COM用心撰寫的專欄集結，以歷史故事帶出現今職場的氛圍與問題，並從中提出看法與建議，把歷史活用在工作領域，從過去了解現在，從現在觀照過去並且開創未來，讓歷史在職場領域伸展開來，讓讀者從中獲得養分滋長。

我素來敬佩啟鵬老師在文史方面的努力、他不僅能說善道還勤於寫作，不只在課堂上與學生互動良好，在筆鋒上更與讀者談心，直入心坎；他的歷史寫作嚴謹，典故出處的引用力求有據，用實證說實事而求是，內容也可看到歷史在職場人際應對上的妙用，值得讀者閱讀品味和實際應用。

作者序

不只要完美，而且要超乎完美

從大學時代起，我就開始在補習班兼課，補習班是一個具體而微的小社會，既有一致對外招生的壓力，卻也有導師之間彼此帶班的較勁，而有課才來，無事退朝的兼課老師如我，就像是古代所謂的「客卿」，得以用既旁觀又深入的身分，看待補教業百態。

出於取暖討抱，或是為了拉攏靠邊，裡頭的人都會把在職場上不為人知的一面拿來八卦，我固然從中聽到許多黑暗面，但也深深體會下情不能上達的怨懟，有時當事人會自己調整心態和做法，但更多的時候是接受我這客卿的意見。很有趣的是，新的年度開始，相同的困擾似乎又周而復始，當這些戲碼不斷重複上演之後，我開始認真思索，是否能從歷史汲取一些經典案例，讓這些困擾一勞永逸？所以當商周 .COM 跟我接洽網路專欄的撰寫，希望能結合「職場」與「歷史」時，我們一拍即合。

只不過，歷史的專業我有，但要套用到職場，還要能言之成理，卻是萬般取巧不得，商周集團不愧是經營多年深具經驗的財經媒體，審稿之嚴格，可以讓我每兩、三篇就退回一篇，意見經常是鞭辟入裡，一語中的。以我一個教書多年，又出過好幾本書的人而言，當真是難以想像如此的退稿頻率，所幸的是，我是極不服輸的人，越是挑出毛病，越要打死不退，就這麼屢退屢進寫了兩年，功力不僅倍增，也練出凝鍊文章的金剛不壞之身。

而雙方「砥礪」的結果，也反映在文章上，除了超高點閱率外，也經常有讀者私訊告訴我，哪篇文章讓他獲益良多；有時自己的親朋好友對某篇文章心有戚戚焉，想要進一步認識作者才發現，就是他們再熟悉不過的我，而我除了大方承認，也感受到他們驚訝之餘的欽佩。

就在我分身乏術，越來越不能按時供稿之時，出版部資深主編沛晶捎來訊息，希望能將專欄集結出書，當然，這又是另一個挑戰，因為專欄可以隨時因應時事任意抒發己見，但出版成書卻不能不去蕪存菁，呈現宏觀的視野。還好，我遇到一個極為優秀的主編，能與我相互腦力激盪，於是原本的專欄再提升一個等級，成為一本單篇可以各自獨立，通章能相互連結的完整著作。

出過這麼多本不同領域的書，儘管方向互異，但可以肯定的是，每一本新書問世，都代表新的里程碑，因為每本新書都凝鍊了前一本出版過後的成長，當然是後出轉精；而我也明白，當前的完美不是完美，只是自己看不到瑕疵贅累，所以如果各位看到文章的疏漏淺薄，還請不吝賜教，好讓我兢兢業業，繼續朝向「超乎完美」邁進。

真相

老子說：「禍兮福之所倚，福兮禍之所伏。」說明了福禍常相互依存，而職場上的是與非，也有相同的規律。

像是一般人都覺得搞小團體不好，但康熙、慈禧以自己的經驗告訴我們，小團體是管理上的必要之惡；又如職場上的推薦提攜，不只是純粹好心這麼簡單，背後也有上位者或老鳥的攻心計。

是以冠冕堂皇的作為，也許暗藏陰謀詭詐；有口皆碑的背後，才是真正的眾口鑠金。因此在這裡，我要顛覆一般人既有的觀念，讓各位看看所謂的職場「現象」，是否暗藏不為人知的「真相」？

搞小團體是管理上的必要之惡

在辦公室搞小團體一定不好嗎？康熙成、慈禧敗的經驗告訴你，老闆如何利用朋黨之爭來建功立業，讓小團體的存在刺激業績成長。

進入職場，熟悉工作環境之後，難免會遇到一個問題，那就是到底該不該融入公司的小團體中？尤其是在有業績壓力的競爭團隊中，這種情況更是嚴峻。選邊站馬上就會被劃清界線，可是不選邊站又會變成兩面不討好。

職場小團體的現象總讓許多人不解，老闆為什麼放任公司高層各擁山頭？搞小團體不僅會在意見分裂時引起對立，也會在業績競爭時互扯後腿。但事實上，老闆不是沒看到這些派系鬥爭，也清楚小團體會帶來的負面影響，但管理經驗豐富的老闆並不會阻止底下的人建立小團體，因為他們明白，要在事業版圖更上層樓，就必須要有優秀團隊的良性競爭，所以會盡量大處著眼，以中立態度巧妙平衡兩派勢力。

職場有如古代官場，古人們也很早就意識到這種小團體的派系鬥爭，而把它稱之為「朋黨」。有趣的是，古人也曾想釜底抽薪根本杜絕，但無論用什麼手段，都只會引發更多禍亂。歐陽修在〈朋黨論〉中就這麼寫著：「夫前世之主，能使人人異心不為朋，莫如紂；能禁絕善人為朋，莫如漢獻帝；能誅戮清流之朋，莫如唐昭宗之世；然皆亂亡其國。」也就是說，包括商紂王、漢獻帝、唐昭宗這些帝王想辦法根治朋黨的結果，最後都導致亡國。

消滅小團體既不可為，有沒有可能反過來利用呢？歐陽修在〈朋黨論〉這麼說：「臣聞朋黨之說，自古有之，惟幸人君辨其君子小人而已。」也就是說搞小團體自古就有，是否為禍，完全看君王如何分辨其屬性，但究竟該怎麼分辨呢？古代將相帝王早已為我們提供絕佳範例，如雄才大略的康熙，以及弄巧成拙反而斷送大好江山的慈禧。

康熙成 導向良性競爭，巧妙平衡兩派勢力

康熙年少即位，好不容易處理掉跋扈的權臣鰲拜，接下來的燙手山芋，就是索額圖[1]與納蘭明珠[2]之爭。這兩人都是皇親國戚，一向不對盤，再加上為了鞏固權勢，兩人結黨營私，逐漸形成「太子黨」和「長子黨」兩大陣營，對康熙而言，這兩人都是自己的左臂右膀，朝中大臣也都各自依附，一旦處理個不好，可是會動搖國本，那康熙是怎麼處理的呢？

首先，康熙利用了兩派的競爭意識，分別委以重任，雙方人馬因此把首要目標放在完成康熙交辦的任務上，既然力求表現，就不會著眼於攻擊構陷，這就讓整個朝政向良性競爭發展；而且康熙並非只會獎勵有功者，對於辦事不力的人也會嚴懲，嚴懲時不是無的放矢，也不會波及無辜，這就讓兩黨人士致力於將差事做到滴水不漏，同時又要在執行過程中避免落人口實。

例如在俄國侵擾邊境之時，康熙委由索額圖出面斡旋，簽訂了《尼布楚條約》，解決中俄邊境問題，這讓索額圖派大大的揚眉吐氣。後來，在三藩的處置上，索額圖反對

撤藩，以免在國基未穩之時引發戰亂，但納蘭明珠卻力主撤藩，認為就算引發叛亂，也要永絕後患。康熙採納了後者的意見，結果引發三藩之亂，大清被叛軍攻下半壁江山。當時索額圖等人趁機追究責任，要求康熙殺了納蘭明珠以謝天下，康熙卻說：「撤藩是朕的主意，與明珠有什麼相關？」這番話讓索額圖為之一窒，因為再繼續追究下去，擺明說皇帝的不是，於是索額圖只能摸摸鼻子，不了了之。

康熙巧妙的維持了兩黨勢力平衡，又讓彼此力求表現，已屬難得。但是，當黨爭日益熾烈，戰火甚至延燒到繼承人之爭時，康熙又是怎麼處理的呢？康熙是當斷則斷，而且手段雷厲風行。

康熙二十七年，康熙發現納蘭明珠和皇長子胤禔[3]圖謀不軌，企圖廢除皇太子的儲

1 索額圖：清開國功臣索尼三子，因輔佐計擒鰲拜，原深受康熙信任。康熙十九年因結黨營私被罷免大學士，兩年後所有職務皆被罷免，康熙二十七年奉命擔任清與沙皇俄國談判的首席代表，簽定《尼布楚條約》，因助太子胤礽爭位，康熙四十二年被拘禁後活活餓死，餘黨盡多被處死、拘禁、流放。

2 納蘭明珠：葉赫貝勒金台吉之孫，於康熙五年即任內弘文院學士，參與國政，此後官居內閣十三年。他利用康熙的寵信貪財納賄，康熙二十七年被參劾罷政，不久雖功復原級，從此不復重用。康熙四十七年病逝。長子納蘭性德為清代著名詞人。

3 胤禔：原排行第五，因康熙前四子皆夭殤，故為皇長子。康熙四十七年太子胤礽被廢，由胤禔負責監視胤礽，胤禔認為時機已到，進言要求殺死胤礽，此舉引起康熙反感，儲君之爭越演越烈，之後康熙下令奪胤禔直郡王爵位，幽禁高牆，嚴加看守。

君之位。他當機立斷，革去納蘭明珠大學士的職務，相關黨羽一併罷黜貶抑。照理來說，圖謀不軌可是要殺頭的，但他卻沒有要明珠的命，這是因為康熙還要用明珠來制衡索額圖的一黨獨大。果然，索額圖一派見明珠倒台，紛紛上奏窮追猛打，但康熙並沒有多所株連。

索額圖見納蘭明珠一黨已經不成威脅，便和皇太子胤礽加緊籌劃，圖謀大位，康熙察覺之後，便以迅雷不及掩耳之勢，派人將索額圖以「議論國事，結黨妄行」之罪名拘禁起來，不久後處死，而相關黨羽不是被處死，就是流放。這一下，康熙的快刀斬亂麻不僅避免兩黨老臣把持國政，還為大清建立了新班底，成功進行人才汰換，這等連消帶打的俐落手法，堪稱是處理黨爭的最佳典範。

慈禧(敗)　藉黨爭剷除異己，操弄結果是下詔罪己

反觀慈禧處理黨爭的做法，就可以作為負面教材了。

慈禧在辛酉政變中將權力從八大臣那邊奪來之後，開始垂簾聽政，不過卻接連面對

太平天國、捻亂及回變的威脅，她的心中很是憂煩，因為這些沉痾連丈夫咸豐都治不好了，自己又該如何解決？此時漢人團練武裝成功抵擋太平軍的捷報傳來，讓她有了新主意，就是大膽起用漢人。

因為當務之急是解決太平軍起義，而要解決太平軍禍患，就必須重用漢人，這樣的做法雖違背「重滿抑漢」的祖制，但若成功就是自己英明，若不成功也可推托為漢人的問題，至於漢人勢力擴張之後的隱憂，等日後再說，她認為自己連八大臣都能扳倒，又何懼連氣候都還不成的漢人？於是，慈禧大膽起用曾國藩等人，這些漢人也確實沒讓她失望，順利攻克太平天國。

原本看來是正確的抉擇，但曾國藩人氣高漲，卻引起慈禧的忌憚。因為她曾密令曾國藩將太平天國的「聖庫」繳回，曾國藩事後卻以全數銷毀為由，連一兩銀都沒上報，所以慈禧為了打壓日益坐大的湘軍[4]，也為了箝制曾國藩，另外派了馬新貽來接任原是

4 湘軍：或稱湘勇，為鎮壓太平天國，由湖南（湘）曾國藩兄弟及其姻親家族集結的鄉勇軍。曾國藩統領之湘軍與清廷湖南巡撫駱秉章、左宗棠統領的楚軍、湖北胡林翼軍隊合作，被視為廣義上的湘軍，歷經太平天國、捻軍、甲午戰爭，湘軍將領及其幕僚成為晚清政治、軍事上的要角。

曾國藩應該擔任的兩江總督，此舉引起湘軍的不滿，引發清末四大疑案之一的「刺馬案」。「刺馬案」，原只是兩江總督馬新貽遭到刺客暗殺，兇手是抓到了，但目的為何？審訊後說辭反覆，始終莫衷一是。儘管當時有很多種說法，但絕大多數的人都認為，這是湘軍派人行刺馬新貽的結果，然而曾國藩的聲勢並未因此下挫。很顯然，在這次事件中，慈禧的打壓並未得到效果，只得改派曾國藩接任兩江總督，東南地區自此為湘軍所把持。

慈禧並未氣餒，仍然試圖打壓她一手扶持起來的湘軍，此時一件民間命案「楊乃武與小白菜案」，讓她有了絕佳機會。疑案中的男女主角，出身其實都很低微，但為什麼會被搬上檯面，甚至變成朝廷派系鬥爭呢？其實和慈禧的處置有關。當時小白菜的丈夫暴斃身亡，家人認定是小白菜所為，一狀告到縣衙，知縣劉錫彤嚴刑拷打，小白菜屈打成招，被迫承認與舉人楊乃武合謀殺害親夫。楊家人幾次申訴不成，只得進行所謂的「京控」，也就是上京告御狀。隨著案情不斷升溫，這個疑案反而變成是官場的派系鬥爭，支持楊乃武的浙江派官員，與支持劉錫彤的兩湖派大臣，彼此針鋒相對，朝廷內外官員幾乎都被迫選邊站。

慈禧獲知之後，不是責成相關官員明察秋毫，反而利用此案打壓曾國藩所屬的兩湖派。審訊結果最終還給楊乃武與小白菜一個清白，慈禧卻藉機將三十多名官員撤職查辦，其中多數為湘軍體系，湘軍經此打擊，元氣大傷，不再成為慈禧威脅。所以冤案宣判時，圍觀群眾以為沉冤得雪，高聲歡呼，誰知道，真正歡呼的人卻是隱藏在背後操弄的慈禧。

正因為這次得利，當慈禧後來面對光緒親政後的「戊戌變法」時，勃然大怒，認為變法維新違背祖宗家法，便與守舊派大臣發動所謂的「戊戌政變」，結果百日維新失敗，光緒失去自由，慈禧重新掌權。這一段過程，也被稱為帝后黨爭，慈禧再次於黨爭中占上風。

但是這次的勝利，也讓大清步向危亡的命運，因為外國人對於慈禧操弄朝政多所譴責，慈禧忿忿不平，為了與外國人對抗，起用義和團，以民氣可用，放任義和團發動庚子拳亂，卻因此引發八國聯軍入侵。慈禧倉皇挾帶光緒離京，途中為了收拾人心，還發出「罪己詔」，只是這等權宜之說終究不能挽救大清的頹圮，在慈禧過世沒多久，大清也走向末路。

康熙與慈禧處理朋黨之爭的最大差別在於，康熙並未直接參與兩派之間的鬥爭，而是將兩派勢力導向良性競爭，直到兩派圖謀不軌，他再一舉消弭兩派舊勢力；反之慈禧卻是親身在幕後操弄，藉由黨爭消滅異己，不僅利用浙江派和兩湖派之爭打擊曾國藩，也利用守舊派和維新派之爭拔掉光緒的政權，最後黨爭贏了，大清卻步向滅亡。

小團體對老闆之必要

康熙成　導向良性競爭，巧妙平衡兩派勢力

慈禧敗　藉黨爭除異己，操弄結果是下詔罪己

歐陽修在〈朋黨論〉裡認為，朋黨自古代就有，君子和君子之間因為志趣相同而結為朋黨，小人和小人之間因為利益相同而結為朋黨，是很自然的道理。前代君主想要消弭黨派，紂王用的方法是設法讓人心各異，難以結為朋黨，漢獻帝是直接禁絕，唐昭宗則是直接誅殺。即使方法不同，但最終都沒有辦法成功消除朋黨。

既然職場小團體無法消弭，那麼該加入哪一邊，或是該不該加入？從工作屬性、職務內容、業績要求以及公司文化等各種角度考量，都會左右你的選擇。不過有個角度是不變的，那就是老闆的角度，只要小團體應用得宜，不僅會是公司建功立業的好推手，更是刺激業績成長的必要之惡。

終結霸凌的辦公室求生指南

初來乍到，卻被同事排擠孤立？周瑜、藺相如、陶淵明告訴你，面對職場霸凌，你要做的不是忍氣吞聲，也不是當面衝撞，而是禮貌的反擊。

當你初來乍到一個新環境，是否曾經遇到同事們的集體排擠？有人會在眾人面前批評你的不是，或在背後惡意中傷，形成一種「職場霸凌」的氛圍。糟糕的是，這些霸凌者總有他們在公司裡存在的優勢，要不就是夠資深，要不就是能煽火，再要不就是自恃關係好，他們藉由挑剔曲解、孤立排擠的方式欺生，好讓自己維持現有的人際優勢。

古代官場上爾虞我詐，欺生、霸凌的現象屢見不鮮，但是遭遇排擠與誣陷，古人就這麼忍氣吞聲嗎？那可不見得，他們運用巧妙的方式來反擊，將職場霸凌消弭於無形。

反擊① 不委曲的求全，公事上以大局為重

即便是在三國時代裡有王佐之才、能與諸葛亮相提並論的周瑜，也曾遭受過職場霸凌。周瑜自幼便與孫策[5]交好，本身又才能出眾，一進軍中便被授予建威中郎將的位置，儼然成為孫策軍隊的第二把交椅。然而這樣被重用，卻引來另一位老將程普[6]的不滿，程普一來戰場經驗豐富，二來本身勇武過人、戰績輝煌，怎麼也看不起年紀輕輕便「靠關係」而擔當重任的周瑜，於是他每每公開出言污辱周瑜。這要是現在職場，十足就是欺生，那周瑜是怎麼應對的呢？

5孫策：東吳孫權之長兄。群雄割據時期，先後掃除江東軍閥諸侯勢力，並禮賢下士，招攬大量賢臣如周瑜、張昭、張紘等人才，為孫吳政權奠定良好的基礎。孫權登基稱帝後，追諡其為長沙桓王。

6程普：東吳孫權之父——孫堅麾下的將軍，為東吳三代元勳；因為軍中資歷最為年長，所以被人們尊稱為程公，位列孫吳十二位「江表之虎臣」之首。

陳壽在《三國志》裡說周瑜「性度恢宏，大率得人」，也就是雖然他年紀輕輕，但人際關係超好，展現出來的氣度深得人心。當他面對程普的無禮行徑時，不是反唇相譏，而是「不委曲的求全」。像是當時程普和周瑜奉命一起率軍攻打江陵，兩人雖同為部督，但討論戰事時，程普卻常倚老賣老、出言不遜，周瑜總是一笑置之，並沒有和他計較；戰後論功行賞，程普誇耀自己的謀略，貶低周瑜的決策，周瑜知道後不僅沒有辯白，還謙遜的說這回運籌帷幄取勝，多虧程普全力協助。

周瑜對程普如果只是一味容忍，那就真的是被霸凌了。事實上，周瑜此舉有個前提，就是他的退讓都是以大局為重。面對資深同事的欺生，周瑜不是為了兩人和平相處而隱忍退讓，而是在以「為公司著想」的前提下屈己從人，這樣有兩大好處：一來是顯示自己行事正當；二來是突顯對方無理取鬧。幾次下來之後，總算讓程普發現周瑜的退讓都是在公事上以大局為重，而不是在私下無故示好，自此「敬服而親重之」，還告訴別人「與周公謹交，若飲醇醪，不覺自醉」。

反擊② 高調的委屈自己，善用耳語反制

相較於周瑜有自幼與孫策交好的優勢，戰國時代的藺相如就沒這麼得天獨厚了，他本是一介平民，因為強秦向趙惠文王索要和氏璧，他以寵臣繆賢門人的身分受到推薦，出使秦國之後，成功以機智完璧歸趙，被趙惠文王拜為上大夫。然而他既沒有顯赫的家世，也沒有輝煌的戰功，入朝為官，無人是他的盟友，在這樣的情況下，他還得面對資深老將廉頗的霸凌，你說，他該怎麼辦呢？

在司馬遷《史記》裡頭，倒是把廉頗欺生的理由說得很清楚，廉頗說：「自己是將軍，攻城掠地才立下大功，而藺相如只不過是耍耍嘴皮子，可是地位卻在我之上，更別說他原本就是卑賤之人，這叫我如何忍受？」所以他公開揚言：「只要我一遇見藺相如，就會當面羞辱他。」那藺相如是怎麼應對的呢？他選擇盡量避免與廉頗當面槓上，每次需要一起上朝時，就以有病為由缺席，而外出時，如果遠遠看到廉頗的車陣，就會立刻叫馬伕調頭迴避。

看起來藺相如只是單純以「隱忍」面對廉頗的霸凌，裡頭卻充滿了藺相如的心機。試想：常常稱病不朝，豈是初任上卿的藺相如所應為？官位比較大卻選擇調頭迴避，這又豈是尊卑分明的官場文化所能容忍？而這正是藺相如厲害之處，他以退為進，「高調的委屈自己」，不僅可以讓旁人持較客觀公允的態度看待廉頗的強勢，也能以弱者卻謙卑的姿態爭取更多認同。只不過，這樣的以退為進，只能讓同儕或輿論不站在廉頗那邊，真要避開當事人氣燄囂張的跋扈對待，又該怎麼做呢？

藺相如用了一個非常取巧的方法：善用耳語反制。當門客看不過去藺相如的軟弱，聯合求去時，他阻止了門客，對他們這麼說：「我都敢當面斥責秦王了，又怎會懼怕廉頗呢？但強秦之所以不敢對趙國發動戰爭，正是因為有我們兩人在。要是現在兩虎相爭，勢必兩敗俱傷，讓強秦有可趁之機，所以我的退讓，無非是為國家著想，先公後私罷了。」藺相如陳述自己這番「相忍為國」的初衷，將自己不懼廉頗卻不與之相抗的理由娓娓道出，重點是講出來之後，他並沒有吩咐門客不可洩漏，這就讓門客能以耳語的方式傳達給廉頗知道。

倘若廉頗知道自己的不是也就罷了，要是仍不知進退，藺相如也成功的讓眾人知道自己對霸凌者毫不畏懼，這麼做當真是一舉兩得、以退為進的最佳典範。不得不說藺相如真是高招！還好，老將廉頗也夠聰明，隨即來個負荊請罪，找了一個最好的台階來下，讓這起霸凌事件風光落幕，兩人都因此得到雙贏。

反擊③　直接向高層投訴，不然就另闢戰場

如果你所遭遇的職場霸凌，用周瑜的「折節下交」與藺相如的「以退為進」都不能奏效時，那大概就避無可避了。此時還有兩種選擇：面對它，或者背向它。

面對它的方法，就是向高層投訴，如果你有把握自己站得住腳，也肯定高層態度夠公正客觀，當然可以爭取高層的認同，對霸凌你的同事做必要的處置。戰國時代的屈原，在面對眾人的杯葛排擠時，選擇的就是堅持不妥協，向重用他的楚懷王表明心跡，楚懷王也因此一度支持屈原。只可惜後來楚懷王優柔寡斷，終究未能在讒言中周全這份信任，屈原因此遭到流放，於是我們要問：如果真的被霸凌到這種地步，還能有什麼選擇呢？

最後一個選擇，就是背對它，離職另闢戰場。儘管是逼不得已，但最起碼能夠讓自己免除霸凌者永無止境的折磨。東晉的田園詩人陶淵明就曾這麼做，當他為了生計不得已出任彭澤令時，遭遇到的卻是老闆的勒索與霸凌，正直清高的他，沒有選擇卑顏屈膝，而是堅決表明「不為五斗米折腰」，在田園中另闢戰場，儘管家貧，但至少終結了避無可避的職場霸凌。

面對職場霸凌

反擊①　不委曲的求全，公事上以大局為重

反擊②　高調的委屈自己，善用耳語反制

反擊③　直接向高層投訴，不然就另闢戰場

職場中人來人往雖是常態，但新人的到來往往像一顆小石子投在原來平靜的湖面上，難免會產生一點漣漪。人事的變動也會使得一些人產生不安，「欺生」或職場霸凌的情況大多由此而來。

職場新人要對付這種情況得軟硬兼施。「腰桿子要軟」，既是新人，就不要當面衝撞欺生者，施以小惠，軟化對方的不友好態度。如果軟的不成，對方還是一而再再而三的故意刁難，只有「硬頸以對」了。所謂硬頸以對，可以是約對方到合適的地方，開誠佈公說出自己被欺負的感受，也可以詢問對方，是否自己做了什麼事而有所冒犯，展現改正的誠意與決心。

至於職場霸凌者，或有背景、有後臺，或是倚老賣老。這些人個個有來頭，新人必須小心對付，不必事事和他們計較，但要留神看準他們的過錯，找一次機會，在公事上來個印象深刻的反擊。但要切記，以上三種方法，維持禮貌是最基本的。

至於在心理層面上，面對職場霸凌，你可以選擇像周瑜折節下交，也可以像藺相如以退為進，甚至可以像屈原一樣往上投訴或如陶淵明另闢戰場。無論選擇何種做法，請記得，旁人的霸凌都只是一時的，如何活出自己的人生，才是最重要的。

時間不會還你清白，勇敢才會

被抹黑了不一定是你的錯，周瑜、武大郎的故事告訴你，錯的是當你面對八卦和流言時卻沉默以對，還傻傻相信總有一天沉冤得雪。

職場中，最難消弭的，就是不時四起的流言蜚語，事不關己的人，也許把它當作是茶餘飯後笑談的八卦，但身在漩渦中的當事人，卻不能無視於它的威力。這些流言蜚語的產生，一部分是利益糾葛，一部分是人際對立，一部分是好事者的以訛傳訛，講的人也許只是幸災樂禍的輕輕一提，但聽的人卻不見得是無心接受。

古人很早就領教流言的無遠弗屆，在《戰國策》中，就記載了「三人成虎」的故事。戰國時，魏國大臣龐蔥陪太子去趙國作人質，龐蔥深知魏王是一個容易聽信耳語的人，臨行前特別對魏王說：「如果有人說現在大街上出現一隻老虎正在吃人，您相信嗎？」魏王說：「我不相信。」龐蔥又問：「如果第二個人也這麼說，您相信嗎？」魏王說：「我不相信。」龐蔥再問：「如果第三個人也這麼說呢？」魏王說：「這樣我就會相信了。」

龐蔥正色道：「大街上原本就不可能出現老虎，但因為謠傳的人太多，讓大王不得不信以為真；而我這次去趙國，一定有許多人趁機說我的壞話，請大王千萬要明察。」魏王答應了。然而，龐蔥的提醒並沒有奏效，因為等太子跟龐蔥回國，魏王一樣疏遠龐蔥，不再重用他。

這提醒我們一件事，所謂「謠言止於智者」在現實世界中並不容易奏效，再怎麼小心防範，都抵不過有心人見縫插針、造謠生事。遭到中傷的人固然防不勝防，但有時連放謠言的人，都不能控制流言傳布的威力，以致於一發不可收拾，歷代不乏有人因此身敗名裂，甚至留下千古臭名。

體認① 讓你身敗名裂的罪魁禍首，可能是最親近的人

四大奇書中的《金瓶梅》，主角武大郎不僅是五短身材的代表，也是戴綠帽的最佳代言人，但實際上是否是如此呢？根據出土的武植墓銘文顯示，武大郎、潘金蓮、西門慶確實真有其人，只不過跟小說敘述的完全不一樣。

武大郎原名武植，是清河縣武家那村人，出身貧寒，卻聰穎過人，中年考中進士，出任山東陽谷縣令，是當地愛民如子的好官；潘金蓮是千金小姐，住在距武家那村不遠的黃金莊，她欣賞武植的積極進取，經常接濟他，兩人因此日久生情，後來私訂終身，婚後兩人和睦恩愛，家庭美滿，育有四個子女。

兩人既是神仙眷侶的代表，那為何被醜化呢？根據武家後人表示，武植早年貧苦，接受過好友黃堂的資助，武植中舉做官之後，兩人逐漸失去連繫，有一天，黃堂家中失火了，突然想起飛黃騰達的同窗好友，於是投奔武植，希望謀個一官半職。哪知道武植招待了他三個月，對官職一事卻隻字未提，黃堂覺得武植很不夠意思，一怒之下不辭而別，沿途為了發泄心中怨氣，四處編造武大郎與潘金蓮的謠言，張貼傳單。

當地有個惡少叫西門慶，聽了覺得有趣，便讓黃堂把自己編進故事裡，現身說法，添油加醋，這一來，黃堂編造的故事傳得更是沸沸揚揚。等黃堂回到家裡，發現房屋已經煥然一新，問妻子原由，才知道是武植趁這段空檔派人來重修房舍，黃堂聽了後悔無比，但他編造的故事卻已經一發不可收拾，後來施耐庵將之寫進《水滸傳》中，笑笑生又據之寫出《金瓶梅》，從此流傳天下。武大郎、潘金蓮不僅名聲盡毀，清河縣的武家與潘家，也因此幾百年來從不通婚。

儘管武家後人所述內容在史學界仍有爭議，不過武、潘兩人飽受流言蜚語之苦是事實。這也讓我們有所警覺，對我們傷害最大的人，反而是最親近的人，因為他們熟知你的一切，了解你的經歷與缺點，好的時候可以相安無事，不好的時候便可落井下石，而且，因為親近與熟悉，所造成的傷害也往往比料想中大，武、潘兩人的身敗名裂，便是最佳例證。

體認② 與你無關的人，也可能讓你留下千古臭名

三國時代的周瑜，也是被流言中傷的經典案例。《三國演義》中的周瑜，是一個風流

倜儻但心胸狹窄，最後被諸葛亮氣死的人，但真正的史料卻並非如此。正史中的周瑜年少有為，豁然大度，當他奉命與老將程普一起出征時，程普倚老賣老，無禮至極，但周瑜卻一笑置之，不以為意；戰後程普吹噓勝仗都是自己的功勞時，周瑜也謙遜的說多虧程普大力鼎助；而赤壁之戰能以寡擊眾，也多虧周瑜當總指揮，施展奇謀巧計，但為什麼正史裡的形象跟小說所述完全不一樣呢？

根據周瑜第六十三代子孫周柏泉所述，他一直尋找自己是周瑜後裔的證據，好不容易找到一份清道光年間的族譜，裡頭透露出玄機。原來，周瑜有兩個兒子，分別是周循和周胤，周循頗有乃父之風，可惜早死；周胤不如周循，又因言語觸犯孫權，被發配到廬陵郡。周胤到了廬陵郡之後，一度窮途潦倒，被當地一個姓羅的老員外接濟，這位員外不是別人，就是羅貫中的祖先，後來羅員外把周胤收為女婿，兩家因此結為姻親，代代沿傳，直到元末明初時，周家傳到周敘這一代，羅家則是傳到羅貫中這一代。

兩人同輩，在鄉里間也頗有文名，但一起參加科考時，羅貫中屢屢名落孫山，而周敘卻一路金榜題名，羅貫中很不服氣，認為對方只不過是運氣好。後來羅貫中跟著父親到山西太原一帶經商，經常出入茶館聽三國戲曲，當他聽到戲曲以蜀漢為正統，並把周瑜的功勞移到諸葛亮身上時，覺得很有趣，於是就把聽來的情節編成《三國演義》，但他不僅沒替周氏祖先周瑜平反，反而還在文中惡搞周瑜，說他氣量狹小，為的就是以此貶損和自己有親戚關係的進士周敘。這段周瑜後人的自白，如果屬實，那周瑜堪稱是遭到無妄之災，只因後人出色遭忌，卻影響先人的身後名譽，倘若周瑜地下有知，又是如何的情何以堪？

是故面對職場流言，一般人總覺得「清者自清、濁者自濁」，只要對得起天地良心，就可以光明正大離開。但實際上是，離開之後更沒有機會為自己辯白，不實指控鬧得再沸沸揚揚，都只能束手無策，毫無反擊空間。所以，別再天真的相信「謠言止於智者」，體認身邊再親近的人也有可能傷害自己，即使離開也有可能遭受他人的抹黑中傷，我們在待人處事上就要更加謹言慎行，而能在面對流言蜚語時，防患未然。

面對辦公室謠言

體認①　讓你身敗名裂的罪魁禍首，可能是最親近的人

體認②　與你無關的人，也可能讓你留下千古臭名

有人，就有江湖；有江湖，就有紛爭。再怎麼和諧的辦公室，都難免有流言蜚語，如果這些流言蜚語只是單純的八卦，殺傷力也許還不會這麼強，怕的是有心人散播謠言，如果未能及時察覺防範，就可能讓你身敗名裂。

武大郎和周瑜的經典案例告訴你，即使是智者也不一定能終結謠言，若不慎成為謠言主角，千萬不要沉默不語，期盼有天會自動沉冤得雪、真相大白。面對職場流言，時間不會還你清白，請勇敢站出來為自己發聲闢謠，就算不能阻止謠言流傳，也要清楚的讓大家知道你的立場和實際狀況。

同事是盟友、對手，還是敵人？

職場不是用來交朋友的，當鐵木真遇上札木合，孫臏遇上龐涓，在工作上的較勁是，當盟友各盡其能，當對手各顯神通，當敵手各霸一方。

羅貫中在《三國演義》中，敘述了赤壁之戰前，孫權、劉備聯手對抗曹操的戲碼，不過東吳智將周瑜與洞察先機的諸葛亮鬥智時，怎麼也不能佔上風，就這樣諸葛亮先後三氣周郎，導致周瑜氣急攻心，吐血身亡，臨死前仰天長嘆說：「既生瑜，何生亮。」這段故事傳沿到後世，就把兩人之間地位、才情相近，卻又不得不暗中較勁的情況稱為

「瑜亮情結」。

儘管在歷史上瑜亮二人並無真正交鋒，但小說中的情節絲絲入扣，讓人對「瑜亮情結」心有戚戚焉。事實上，有這種瑜亮情結的當然不只周瑜和諸葛亮，鐵木真和札木合、孫臏和龐涓，都面對過能力、才情與之相近的同儕，兩人暗中較勁在所難免，但首先要確認的是，對方到底是盟友、對手，還是敵人？

如果對方視你為旗鼓相當的盟友，那不妨將彼此的競爭視為「君子之爭」，把對方當作衡量自己能力是否進步的指標。如果對方持續抱有高昂的競爭意識，意圖在職位與業績上與你一較高下，那就不妨將他視為是能激起戰鬥意志的對手，以此督促自己成長；但如果對手擺明就是處處跟你作對，甚至不惜扯後腿、耍賤招，那就不用客氣了，可以盡其所能，痛擊對方。

鐵木真 VS. 札木合
當盟友各盡其能，當對手各顯神通，當敵手各霸一方

成吉思汗[7]鐵木真在統一蒙古之前，曾有一個能與他並駕齊驅的人物，那就是札木

合。兩人自小就是過命的交情，而且曾三次結為「安答」，也就是我們現代所謂的「結拜兄弟」，在當時游牧民族互相征討的歲月裡，他們一直並肩作戰。然而，兩人在建立自己勢力之後，卻因為利益分歧開始相互對立，因為鐵木真私下收納札木合的部眾（一說是鐵木真提拔一些非貴族的人為將領），引起札木合的不滿，兩人的情誼開始產生矛盾。

鐵木真和札木合這兩人皆是驍勇善戰，擁有領袖魅力的領導人，無論部眾投奔哪個陣營都不奇怪，但如果是對方來挖牆腳，這種情況任誰也不能忍受，這使得原本是最佳戰友的兩人對彼此產生心結。此時的鐵木真面對這種瑜亮情結時，選擇脫離札木合，儘管當時他的勢力比不上札木合，但他對自己有信心，可以逐步壯大。後來兩人發生十三翼之戰，札木合雖然打贏了鐵木真，但在處置俘虜上太過殘暴，反而使得部屬改投待人寬厚的鐵木真麾下，札木合因此一蹶不振。

7成吉思汗：「成吉思汗」為鐵木真於西元一二〇六年正式登基成為大蒙古國皇帝時，諸王和群臣敬上的尊號。「成吉思」的蒙語含義不明確，一種說法是「強」，另一種說法是來自海洋一詞。「汗」即為大汗、可汗，廣泛使用於蒙古與中亞地區，游牧部落的君主或最高政治首領。

我們可以發現，鐵木真在面對札木合時，是因應局勢與對方的態度做調整，是盟友各盡其能，是對手各顯神通，是敵手各霸一方。另一方面，札木合的態度也值得學習，雖然他對鐵木真存有心結，但並不因此採取下三濫的手段，而是將之視為此生唯一的對手，光明正大對戰。所以他到最後即使戰敗，也仍然贏得鐵木真的敬重，後來鐵木真也遵照札木合的意願，讓他悲壯而死，而這樣的處置，也是鐵木真將札木合視為最佳戰友及對手的最高敬重。

孫臏VS.龐涓
惡意陷害，把對方當踏板

戰國時期的孫臏和龐涓是同學，同樣拜在鬼谷子門下學兵法，兩人情誼甚篤，也曾結拜為兄弟，孫臏為兄，龐涓為弟，只是龐涓較孫臏更汲營於功名利祿，一聽到魏國國君以高官厚祿招攬賢才，便沉不住氣下山求取富貴，下山前他曾對孫臏說：「你我情同手足，他日若我有幸獲得重用，必向大王推薦師兄，咱們同享富貴。」沒多久，龐涓果然得到了他要的聲威與地位，此時他依約向魏王推薦孫臏，孫臏開心地應邀前往。哪知道，此時的龐涓卻是滿懷惡意，因為他怕好不容易到手的功名利祿，有一天會被師兄孫臏搶走，於是假好心把孫臏騙過來，再誣陷他私通齊使，叛魏投齊，藉此砍去孫臏的雙足，並在他的臉上刺青。

這個做法很惡毒，因為古代罪犯一旦被人在臉上刺青，就再也不能當官了，龐涓擺明是存心用這個方法阻斷孫臏的出仕之路，讓他的才華就此隱沒於人世。龐涓的惡意不僅如此，他還故意向魏王求情放孫臏一馬，想藉此騙孫臏交出鬼谷子的不傳之祕。由此看來，龐涓對於好兄弟的瑜亮情結，不只是心存競爭意識這麼簡單，還是滿懷惡意，欲讓對方不能東山再起才甘心。那麼，識破龐涓真正意圖的孫臏，到底是如何應對的呢？他的做法是不動聲色，暗中做好準備，給對手致命的一擊。

首先，他裝瘋賣傻，在滿是糞水的豬圈、馬棚裡亂爬，以此騙過龐涓，再想辦法逃到齊國，取得齊國田忌的賞識，展現才智讓齊威王拜他為軍師，然後在馬陵之戰中設下埋伏，射死龐涓，為自己報仇。龐涓死前，特別留下一句話：「遂成豎子之名！」意思是，這下可以讓你揚名立萬了！龐涓為什麼要留下這句話呢？因為他很清楚，自己是魏國將軍，一旦戰敗，就代表孫臏勝過自己，孫臏毋庸再做任何努力，便可名動天下。

在兩人鬥智鬥力過程中，龐涓固然以陷害孫臏作為自己飛黃騰達的踏板，但主客易位之後，也被孫臏以牙還牙，將龐涓當作是自己名滿天下的踏腳石。雖說人無害虎心，但虎有傷人意，孫臏的所作所為固然是被陷害之後的自保應戰，但誰也不可否認，他扳倒了龐涓，自己也因此成為名滿天下的既得利益者。

李斯VS.蒙恬
避免被他人操弄，激化瑜亮情結

儘管瑜亮情結大多存於兩位當事人的感受，但有人卻會操弄這種情緒，激化雙方的對立，這個人有可能是老闆或高層主管，也有可能是利害關係的第三者。前者是為了營造對公司有利的競爭意識，後者則擺明了「鷸蚌相爭，漁翁得利」，在歷史上，秦相李斯就是被他人操弄，激化瑜亮情結的經典案例。

秦始皇病逝時，留下遺囑說要將皇位交給扶蘇，此時趙高卻從中作梗，想要矯詔改立比較容易控制的胡亥，當他把這個意圖告訴李斯時，李斯驚駭的說：「怎麼能做這種事？皇位之事不是人臣可以插手的。」趙高早知李斯會這麼說，於是他對李斯說：「你們心自問，你和蒙恬相比，誰的功勞高？與太子扶蘇之間的關係，你與蒙恬誰比較好？如果扶蘇被立為太子，還有你的丞相之位嗎？」

趙高利用李斯和蒙恬的瑜亮情結，以利害相誘，如果李斯有足夠的自信，當然不用擔心蒙恬的威脅，偏偏李斯很清楚，蒙恬的才識與人格，都是自己望塵莫及的，唯一的辦法，只有聽趙高的話，才能永絕禍患。然而，他沒想到的是，一旦聽了趙高的話，也等於有把柄落在趙高身上，此後只能對趙高俯首稱臣，所以李斯此舉看似免除了眼前禍患，實際上是斷送了自己的性命與未來，如果李斯第一時間能察覺自己被趙高操弄，又何嘗會落得抄家滅族的下場？

當你深陷職場瑜亮情結的困擾中，首先要問問自己是否因此影響工作表現？如果不會，那就看看是否遭到對方用不正當的手段陷害，同時也要留意，背後是否有人在刻意操弄。如果在這幾種情況下，都能夠沉著應對，就可以有效免除瑜亮情結的不良影響，把對手的表現當作督促自己的動力。

亦敵亦友的競爭之道

當盟友各盡其能
當對手各顯神通
當敵手各霸一方

有競爭，才有進步，這是企業經營者普遍相信的管理之道，甚至有人認為成功等於勝利，表現優異等於打敗他人。但如果競爭不是來自於外部，而是團隊內部裡有成員以「瑜亮情結」處處跟你競爭，在關鍵時刻跟你唱反調，反而讓原本勝券在握的事情徒生風波，這當然是管理階層最不願看到的情況。

因為一個人的心力，如果放在算計他人，往往不會有多餘的心力做好分內工作；在無法集思廣益的情況下，團體的智慧也無法被有效利用，繼而削弱了團體的戰力。因此，要避免瑜亮情結產生的不良影響，孫臏和龐涓、李斯和蒙恬的歷史經驗足以借鏡，鐵木真和札木合的做法值得參考。

知遇之恩背後的人情世故

主管、前輩的提拔，純粹是好心幫忙或真心欣賞嗎？韓信、蔡鍔、魏忠賢告訴你，一旦牽涉到利益，三種不同典型的老鳥，如何利用對新人的提攜之情幫助他自己。

初入職場時，最仰仗的肯定是帶你進入狀況的人。這個人，有可能是你的直屬主管，也有可能是主管指派的資深同仁。透過這些老鳥的指點，你可以擺脫生澀，快速上手；而這些老鳥們看你可堪造就，也會覺得自己教導有方、與有榮焉。

然而，這種單純的提攜指點一旦牽涉到利益關係，很可能成為前輩反擊、牽制的利器，甚至是讓他自己飛黃騰達的工具。如何解析前輩的提攜之恩，就成為職場上的重要課題，本文解析了三種不同典型的老鳥，看看身為新人的你該怎麼應對。

解析① 提拔你如果不是為公司，就是為自己

在得到主管認同前，最了解你能力的人就是比你早進公司的前輩，儘管這些人可能慧眼識英雄，優先知道你是可造之材，但局勢一轉，也有可能成為陷害你的人，歷史上有名的「國士無雙」韓信，就是一個經典案例。

西漢開國名將韓信，當初叛楚歸漢之時，並不得劉邦看重，所以他擔任管理倉庫的小官之時，一度自暴自棄，怠忽職守。在即將被斬首之際，得到夏侯嬰[8]的賞識，向劉邦力薦韓信，韓信因而被任命為治粟都尉，協助蕭何辦理軍糧之事。但這個職位根本不放在韓信眼裡，和前輩蕭何談過數次未果之後，韓信決定從漢軍陣營逃亡，這一逃，可讓蕭何跳腳了，因為蕭何明白韓信是爭奪天下不可多得的人才，這一走會是劉邦莫大的損失，日後若是韓信與劉邦為敵，必成大患。更何況韓信還是在自己手下叛逃的，這不是擺明自己管理不力嗎？

為此，蕭何不惜違反軍令，夜追韓信，再次鄭重向劉邦力薦，劉邦原本還半信半疑，在與韓信暢談之後大喜，自以為得韓信太晚，於是拜韓信為大將軍，而韓信也幸不辱命，成功助漢滅楚，成為西漢的開國功臣。

然而，韓信並未從此飛黃騰達，他後來遭到劉邦以擅自攻齊、坐擅發兵為由，降為淮陰侯，之後又被呂后與蕭何密謀擒獲，以謀反之名處死，株連三族。當韓信知道，陷害自己的人，正是當初力薦自己的蕭何時，不禁感嘆的說：「當初不曾聽蒯通之言，今日才會被人算計。」而韓信之死，被世人寄予無比的同情，因而有「成也蕭何，敗也蕭何」的成語。

從歷史解析，被韓信引為知己的蕭何，最初並非和韓信惺惺相惜，而是在幫助劉邦尋覓人才的前提上，才與韓信交好。對蕭何來說，找到好人才推薦給劉邦，是自己在老闆面前的功績一件，只是韓信聰明一世、糊塗一時，並未看出蕭何對自己的引薦與知遇

8 夏侯嬰：長期擔任太僕之職，主管皇帝車馬之官，隨劉邦滅秦滅楚，功勳卓著，人稱「滕公」。除為高祖劉邦擔任太僕之外，而後漢惠帝及呂后，到漢文帝劉恆時期仍功任太僕。

之恩有個「為老闆利益」的前提。後來當韓信成為劉邦的隱憂之時，當然也就成為蕭何算計的對象。

職場上的老鳥何嘗不然？新人們初來乍到，老鳥又對你非親非故，為何要對你這麼好？要不就是為公司著想，要不就是為自己利益著想，總得分辨其中利害，才不會大意慘遭陷害。

解析② 不願樹敵，以提攜的情分進行牽制

有時候，前輩的殷勤教導，不是為了眼前的利益，而是著眼於不想樹立敵人的未雨綢繆，所以他們會先行以教導或提攜的情分施恩於你，好在未來牽制你的發展。這一點，民初護國大將軍蔡鍔有著切身的經歷。

蔡鍔出身貧寒，十六歲時經督學徐仁鑄推薦，進入長沙時務學堂就讀，後來得到袁世凱慷慨解囊，贈一千大洋助他出國留學。儘管回國後與袁世凱並無太多交集，但蔡鍔對袁世凱始終感懷在心，因此，當袁世凱擔任臨時大總統後，要蔡鍔調來北京，蔡鍔欣

然應召，一來，他認為袁世凱對他有知遇之恩，奉召前來可以好好回報當初袁世凱的恩德；二來，民國才剛成立，第一要務便是建立強大國防，自己留學日本的軍事經歷，正好有所裨益。

哪知道，當他來到北京之後，發現袁世凱只給他一大堆虛銜，空有建軍之職而無統軍之權，這就讓他像沒牙的老虎一般，只能出謀劃策，不能真正訓練一支有利於國家的勁旅。這樣也就罷了，時日一久，蔡鍔進一步發現，袁世凱派人暗中監視他，至此他才明白，袁世凱固然看出他有才華，但也擔心蔡鍔成為自己的敵人，所以欲給虛銜，先行防範。認清袁世凱真面目的蔡鍔，因而決定反擊，反過來利用袁世凱對他的信任，以青樓女子小鳳仙掩人耳目，伺機離開北京，掀起討袁旗幟。

職場上總有這樣的人，表面上對你不求回報，事實上早已為久遠的未來作準備。識破這些機心之後，就得當機立斷，即使承擔忘恩負義的指控，也要作必要的反制，否則，顧及情分的結果，往往是自己枉作小人。

解析③ 看好菜鳥潛力，先施小惠以攀龍附鳳

還有一種老鳥，看好菜鳥潛力無窮，先行略施小惠，等日後有機會，再憑藉著過去教導的情分，攀龍附鳳，登上高峰，把這一點做得最徹底的，莫過於明代大太監魏忠賢。魏忠賢年少時是個混混，吃喝嫖賭無所不精，後來因為積欠大筆賭債，進京當太監，進了宮的他曲意奉承，後來被派到皇長孫朱由校那邊當差，哪知道，這一派，卻成為魏忠賢翻身的關鍵。

原來，當時的萬曆皇帝朱翊鈞不喜歡兒子朱常洛，也連帶不喜歡皇長孫朱由校，所以朱由校一直沒有得到很好的待遇和教育，也因此很依賴跟在身邊的魏忠賢，而魏忠賢看到朱由校這麼依賴自己，也帶著他變著花樣玩樂，加深朱由校對自己的信任。於是，魏忠賢不僅成為朱由校的老師，也成為他的玩伴。萬曆皇朱翊鈞死前，深感自己的任性導致兒子沒有受到完整的太子教育，特別叮嚀兒子即位之後，要將長孫朱由校立為太子，及早受東宮教育，朱常洛答應了，不料卻在即位後一個月暴斃身亡。也就是說，朱由校在沒有受過一天東宮太子的教育下，就倉促的被推上皇位。

最初，明熹宗朱由校還受到撫養自己的李選侍[9]的操控，沒多久就因為大臣的反對，將李選侍轟了出去，此時朱由校能用的人還有誰？不就是年幼的時候陪在自己身邊玩樂，又教導自己應對進退的魏忠賢嗎？魏忠賢因此得到朱由校無比的寵信，竊取權柄，陷害忠良，而他作威作福，讓天下百姓只知有魏公公，不知道有皇帝，到後來還被歌功頌德稱為「九千歲」。

或許新人會覺得，當下的自己無權無勢，有什麼好利用的？不過總有老鳥獨具慧眼，能看出菜鳥是頑石還是璞玉，也因此會選擇利用或籠絡。所以看待老鳥的指點時，可以多一份心眼，評估對方是出於好心，還是有心？是想要結緣，還是利用？在確認對方的心念無虞後，才能由衷互動，成為職場上良性提攜的基礎。

9李選侍：即為李康妃，明熹宗、明思宗養母。初封為選侍，後封康妃；史稱「西李」。明熹宗即位後，曾下詔宣布西李曾欺凌其生母王才人，虐待過他自己。四年後，由魏忠賢授意尊封西李為康妃，然後熹宗公開宣布西李無辜，自己是被人調唆。

提攜之恩的解析

解析①　提拔你如果不是為公司，就是為自己

解析②　不願樹敵，以提攜的情分進行牽制

解析③　看好菜鳥潛力，先施小惠以攀龍附鳳

軍中有句話說：「不打勤，不打懶，專打不長眼。」這裡的不長眼，說的就是搞不清楚狀況的菜鳥新兵。沒錯，對職場新人來說，最重要的就是怎麼進入狀況，而進入狀況最快的途徑，當然就是靠資深同事的幫忙。只是老鳥也不見得每個人都能真正無私的協助新人，畢竟你早點進入狀況，甚至表現出色，等於他也多了一個職場上的競爭者。因此，對於前輩們的「好心幫忙」，該怎麼解析與應對？那就成為菜鳥轉大人重要的課題了。

沒有過不去的關卡，只有過不去的自己

你是真的懷才不遇，還是不肯接受現實？看看才華洋溢的詩仙李白，一個不世出的詩人，執意走不擅長的政治路，最終只能以絕妙好詩來靠北人生。

在職場上打滾一段時間後，不乏有人覺得自己懷才不遇，空有才華，卻不能大展長才，此時固然有人會反省自己是否哪裡做得不夠好，但更多的人卻是選擇抱怨，抱怨主管不能慧眼識英雄，也怨嘆自己這匹千里馬，沒有遇到真正的伯樂。然而，這樣的感慨可不獨現代人，唐代大詩人李白更是經典中的經典。

說起李白，當是世所公認的才華洋溢，他四歲接受啟蒙教育，十歲讀諸子百家，十五歲「觀奇書，學劍術，好神仙」，多首詩作受到名流推崇，二十六歲離川求仕，到長安被賀知章譽為「天上謫仙人」，後來唐玄宗聽到他的詩名，還把他召進宮裡，擔任御用詩人。

他不單是才華洋溢，人品也好，豪邁灑脫的個性，為他招攬了一批相與唱和的詩友，可說知交滿天下。照理來說，這麼一個才華與人品兼具的人物，應該能夠平步青雲，但他始終仕途坎坷，鬱鬱不得志，後來才會藉著縱情詩酒，抒發自己懷才不遇的心情。李白在職場上，到底出了什麼問題呢？

問題① 不清楚自己的能力屬性，以致空轉

許多人都認為自己有才華，只是欠缺一個表現的機會與舞台，但卻忘了細究自己的能力屬性是否適才適用，這一如同樣是人才，人事管理與業務銷售的長才是兩回事。能力可以各擅勝場，卻不一定可以畫上等號，但不明白的人常以為可以跨領域勝任，自信滿滿的結果卻是鎩羽而歸。

博通經史的李白也犯了同樣的毛病，他的作品備受世人推崇，讓他誤以為自己在政治上也有同樣的能力，卻忽略了詩才洋溢不等於治國之材。為了謀官他屢屢透過「干謁」之道想辦法求用，卻始終不得其門而入。所謂的「干謁」，類似於現代的自薦信，是透過作品或書信以求重用。他的作品確實得到很多的讚譽，但仕途結果卻不如預期，為什麼呢？

原因就是出在能力屬性。我們看到李白的干謁文章，無論是《上安州裴長史書》、《上韓荊州書》，或者是《為宋中丞自薦表》，都顯露出自己的胸懷大志，高尚品德與豐富學識，但是對於分析天下大勢、解決百姓生民疾苦，以及經世濟民之策，都沒有具體可行的見解。所謂「當局者迷，旁觀者清」，李白在詩作上確實擁有極高的才華，但這份自恃也蒙蔽了對自己能力屬性真正的認知，而這些被干謁的權貴們倒是看得很清楚，才會對李白的作品多所讚譽，卻未提供李白仕進的管道。

在職場上，對自己的能力有自信是好事，但切記還要體察屬性，不在自己不熟的領域逞能，才不會讓理想與現實之間出現落差，予人空口說白話的觀感。

問題② 沒有適材適用，所長與專業不相符

職場上要求「適材適用」，無非就是希望所學與專業相符，在工作上發揮最大效用，透過不同職務的歷練，可以讓能力得到全方位提升，但這必須循序漸進，而且也要有一定的經驗轉移，才能成功轉型，否則貿然接下與專業完全不符的工作，只會陷入眼高手低的窘境。

李白的「干謁」雖然沒有獲得權貴們的肯定，卻讓他詩名滿天下，而這份名聲，同樣也傳到皇帝耳中。唐玄宗主動召見他，對他說：「卿是布衣，名為朕知，非素蓄道義，何以及此？」這幾句話說得很清楚，唐玄宗不是因為李白的才能而召見，而是因為他的名聲。不過，唐玄宗還是很厚待李白的，不僅將他安排在金鑾殿內，還特許他自由出入翰林院，徵詢治國方略。

以現代眼光來看，李白等於成為「國策顧問」，照理來說應該就此平步青雲了，為什麼李白仍感嘆自己懷才不遇呢？原因在於李白當的是「翰林供奉」。

翰林供奉，也稱為翰林待詔，是在翰林院裡隨時等候皇帝召見的人。唐代宮廷制度

規定，凡是皇帝所到之處，都要有御用文人、術士等候召見，以陪侍皇帝從事消遣遊樂之事，裡頭不僅有像李白這樣的文學人才，還包括醫卜、方伎、書畫、僧道等不同類型的能人，有時，皇帝也會詢問這些人政治問題，或起草並不重要的命令文書，但這些都沒有什麼政治舞台與前途。對李白而言，這個職位明明很接近權力核心，但卻完全沒有政治地位，形成他懷才不遇的痛苦根源。

那我們要問，難道唐玄宗沒有識人之能嗎？答案似乎是否定的，因為從唐玄宗任用的朝臣，姚崇、宋璟、張九齡、張說等人來看，都是一等一的能臣，如果李白真是人才，唐玄宗不可能棄而不用，唯一的解釋是，李白並未擁有過人的政治才能，即使是在翰林供奉任內，他的才華也只展現在詩作上，沒有提出真正裨益國計民生的方略，這讓唐玄宗認定李白並非安邦定國的人才，所以才會對李白「以倡優蓄之」。

嚴格說來，「翰林供奉」也算唐玄宗給李白表現的機會，但他表現不如預期，就代表他的歷練，尚未達到可以轉型的地步。當此之時，他應該是繼續潛沉磨勵，等待時機到來，大展長才，然而他卻沒有珍惜這個機會，不僅行為放蕩不羈，還經常喝得酩酊大醉。根據《新唐書》記載，說李白有一次奉召入宮，因為酒醉「使高力士脫靴」，高力士懷恨在心，與楊貴妃一起杯葛李白，不讓李白有機會被重用。

表面上看來，是李白為小人所害，賢能受阻，但換個角度來看，其實是李白一連犯了好幾個職場大忌，包括重要場合喝酒誤事、主管面前不知節制、同事關係處理不佳，以及事後到處亂發牢騷，在〈飲中八仙歌〉中寫道：「天子呼來不上船，自稱臣是酒中仙。」你說這種工作態度與狂放性格，又怎麼會受到老闆的青睞？所以李白並非沒有才，而是他自覺「不遇」，他沒有深究自己不遇的原因，反而是選擇以消極抗拒的態度面對，因此我們與其說李白政治上的失意是因為奸臣當道，不如說他是因不肯接受現實而自暴自棄，其遭遇是咎由自取。

李白的痛苦，來自於時代給他的壓力，當時成功的典範就是要做大官，而非成就千古文名，一個不世出的詩人執意走不擅長的政治路，當然會產生痛苦與矛盾。所謂「天生我才必有用」，在人生路上沒有過不去的關卡，只有過不去的自己，現在已是個強調多元智能的時代，儘管仍有傳統的社會期許包袱，但我們仍可找到自己的天賦專長，用力發揮，就算是博士去賣雞排，也一樣可以發光發熱。

自覺懷才不遇的問題

問題①　不清楚自己的能力屬性，以致空轉

問題②　沒有適材適用，所長與專業不相符

懷才不遇，有時問題不在別人，而是在於自己。就算你毛遂自薦，高層還是有可能不肯重用你。此時你難免懷疑，自己是不是因為沒有遇到一個好伯樂，所以才使得自己的晉升之路遙遙無期。

有時，人生際遇是時也命也運也，但在遇到賞識你的伯樂之前，要回過頭來反省自身，到底是真的懷才不遇，所遇非人，還是自己眼高手低？看看動不動就噓嘆自己懷才不遇的李白，擁有傲人的才華，卻過著每天買醉的靠北人生，仍在愁煩困頓，抱怨自己際遇不佳的你，或許，心中會有另一個答案。

無奸不商，當老闆的就是唯利是圖？

市場就是商人的祖國？清代紅頂商人胡雪巖、王熾、周瑩告訴你，不賺錢的企業是不道德的，落實個人理念和回饋國家社會之前，得先把事業經營成功。

鴻海董事長郭台銘曾在接受採訪時表示：「商人無祖國，市場就是我的祖國。」這話引發不同的議論，有人認為他在商言商，說得很實在；也有人批評這是唯利是圖，是忘本的表現。其實在這句話之後，郭台銘還補了一句話：「別忘了我在哪繳稅。如果我沒有賺錢，如何繳稅？」這話對經商之人來說，是再真實不過的現實。

一家不賺錢的企業是不道德的，如果是一個毫無賺錢能力的企業家，也不會有人注意到他是否愛國的問題，正因為成就了巨大的事業體，這名商人才能言重九鼎。因此，若是拿「商人無祖國」來看待經商一事，就變成是「蛋生雞還是雞生蛋」的問題：究竟是該著重於長遠的國家發展，不要將資源外流？還是為了公司獲利到海外投資，以便日後回饋國家？這種兩難，恐怕任誰都很難給出一個公允的評價。

不過，放眼歷史，確實也有成功的商人做出不同的選擇，讓「道義」與「利益」兼而有之的難題，有了清楚的輪廓。清代的胡雪巖、王熾，以及陝西女首富周瑩，都是先把事業經營成功，再落實個人理念和回饋國家社會的紅頂商人。

胡雪巖　為民族傾盡財力，奪回定價權

白手起家的胡雪巖，之所以可以創建那麼大的金錢帝國，有很大的原因跟「人和」有關，他的人和不只在對下屬，也在「官商合作」上。我們都明白，官商合作會有扯不完的利益輸送，但胡雪巖特別擅長處理這類灰色地帶的問題。儘管曾紀澤[10]曾斥責胡雪巖為「奸商謀利，病民蠹國」，但胡雪巖卻能為左宗棠[11]在軍餉上出力，開清廷向外國

商人貸款之先例，後來也因此由左宗棠保薦，賜予二品頂戴，成為所謂的「紅頂商人」。

不過，一向與人「和氣生財」的胡雪巖，後來卻打破這個原則，不惜與洋人展開「商戰」，為什麼呢？原來，當時洋人對中國能做成綢緞的生絲需求孔急，江南六〇%的生絲是銷往國外的，但洋人聯手制定公定價，剝削絲農，胡雪巖對洋人的高壓剝削非常不滿，決心奪取生絲的定價權，於是展開種種手段，以高價蒐購囤積生絲，想要迫使洋人讓步。

在外人眼裡，胡雪巖的行為不過是讓生絲「奇貨可居」罷了，但進一步檢視胡雪巖的選擇會發現他很不簡單。首先，天下能賺錢的商品何其多，他犯不著非得在生絲上著力不可；再者，秉持著他和氣生財的原則，也不需要跟有巨大商業利益往來的洋人正面槓上。撇開利益因素之後可以發現，他傾自己所有財力在生絲生意上一搏，其動機其實是為了百姓生計的「道義」。殊為可惜的是，他這一搏功敗垂成，因為這個商場上的角力後來扯上清廷派系鬥爭，被自己人倒耙一把，偌大的金錢帝國因而瞬間瓦解。倘若當初他與洋人的「商戰」，並無派系內鬨攪局的話，胡雪巖能否因這一搏創下「義商」的經典呢？可惜這場商戰功虧一簣，令人不由俯首嘆息。

王熾　為社會以利聚財、以義用財

以馬幫[12]白手起家的王熾，多年經商所信奉的原則是「道行、道德、信義」，但大家所不知道的是，他也深諳「官之所求，商無所退」的道理。或許有人會質疑，這不也是另一種形式的「官商勾結」？但王熾跟一般商人不一樣的地方是，他把這種形式當成策略而非目的，這讓他的官商合作有個基本前提，那就是「以利聚財，以義用財」。

舉個例子來說，光緒六年唐炯奉命在四川督辦鹽務，但開辦設備需要十萬兩白銀，朝廷根本沒錢支援，唐炯該如何是好呢？當時幕僚之一的張海槎向同鄉的王熾求助。王熾聽了笑說：「十日內奉上。」但是，當時他和友人合資設立的錢莊「天順祥」才剛成立，身邊也沒多少錢，哪來的十萬兩白銀？原來是王熾平時信用昭著，動用所有人脈與

10曾紀澤：曾國藩之長子，襲封一等毅勇侯；也是晚清著名外交家，曾任清廷駐英、法、俄國大使。
11左宗棠：著名湘軍將領。一生親歷討伐太平天國、洋務運動、陝甘回變、新疆之役等重要歷史事件，與曾國藩、李鴻章、張之洞，並稱「晚清四大名臣」。
12馬幫：王熾十六歲時以母親變賣首飾湊得的白銀十兩開始，在本地採購布料，到缺乏布料處販賣，再買回當地藥材、菸草、鹽糖與日用品回鄉，以馬幫商團做起「通貨之有無」的生意起家。

信用，順利在八日內便籌出十萬兩白銀。

但是王熾也不是省油的燈，他特意安排挑夫百餘人，列隊敲鑼打鼓繞城數圈後至官府送銀，一時間全城轟動，就連婦孺都知道「天順祥」不到十日便籌得巨款一事，此舉讓王熾在商場上名聲日增，並在唐炯的支持下，開匯號代辦鹽運，更因此創設自己獨資的「同慶豐」錢莊，鼎盛時期除在成都、上海、廣州、北京等，當時全國二十二行省中有十五個行省設置之外，甚至在香港、越南、馬來西亞都設有辦事機構，後來唐炯調任雲南礦務督辦大臣，王熾為礦務公司總辦，並在雲南銅、錫礦業中大獲其利，成為「富甲全滇」的企業家。

也許有人會說，王熾此舉是眼光好，比別人早一步看到日後的利益，所以大膽投資。但是當時川鹽並沒有其他商人肯接手，原因就在於投資規模太過龐大，並非三、五年就可回收。在商言商，王熾當然也知道這是場賭局，賭贏了固然大發利市，但賭輸了就什麼也不是了。況且要與官府打交道，多的是其他選擇，犯不著拿自己的全部身家去賭，但最後王熾還是這麼做了，為什麼？就是因為他的信念：以利聚財，以義用財。

因此，他的財富不只是用在商場投資上，更用在包括造橋鋪路、資助雲南孝廉北京會試路費、設置防疫藥房等社會公益上。光緒九年爆發中法戰爭，當時達官貴人都忙於避禍，大部分商人為求自保也選擇做縮頭烏龜，唯獨王熾毅然拿出六十萬兩巨款，借給朝廷當作餉銀。

為了不讓地方工業被洋人染指，王熾更花費鉅資從法國人手裡買回滇越鐵路的路權；甚至還冒險奪標，墊付數十萬兩白銀與官府籌辦銅、錫礦業；晉陝兩省大旱，黃河斷流，王熾捐銀數百萬兩給清廷工部興修水利，被李鴻章稱之為「猶如清廷之國庫也」。王熾也因為這些義行被稱為「一代錢王」。八國聯軍時，慈禧與光緒皇帝出逃，王熾更是提出大筆家產挹注國庫，他也因此受封，成為清代歷史上唯一的一品紅頂商人。

曾有人邀王熾合夥做鴉片生意，被他婉言拒絕，事後還以馬幫的兩句生死話定下家規傳世：「窮死三不走，煩死三不沾。」也就是說，什麼生意都可以做，就是不賣毒品、軍火與婦女；什麼都可沾，就是不沾菸館、妓院和賭場。其經商之道利義兼具，足為後世表率。

女 首富周瑩　為國赴難、活人無數

自幼父母雙亡的陝西女首富周瑩，也是白手起家的典型，她十八歲嫁到夫家，十天後就成為寡婦，但她憑著過人的手腕，以外人的身分穩定夫家事業，甚至因她而富甲陝西。周瑩之所以為人所知，是因為她以百姓身分成為慈禧乾女兒。原來，慈禧因八國聯軍出逃到西安時，她獲知消息，主動向慈禧提供了十萬兩白銀，慈禧大受感動，不僅親手題寫「護國夫人」牌匾，還收她為義女。

或許有人會質疑，這個周瑩也不過是藉機跟官方扯上關係，想要從中牟利而已？但實際上並非如此，因為在《辛丑條約》簽訂後，清廷簽下巨額賠款，她再次向清廷捐助數十萬兩白銀。雖然這數十萬兩白銀對巨額賠款來說是杯水車薪，但在那個人人自危的情勢裡，罕見其他商人有如此義舉；周瑩先前既然已經成為慈禧義女，此時再多的捐助，也不過是錦上添花，而她還是毅然決然共赴國難，也並無向朝廷要求什麼官商合作的管道。如此看來，她的捐助行為是否就是身為義商的實質回饋？

難能可貴的是，她的善行不只是在朝廷之上，還澤及生民百姓。後來西安因為天災人禍，出現了大量的難民。周瑩聽了二話不說，開倉放糧，賑濟災民，百姓額手稱慶，涇陽、三原縣誌中還留有記載她「活人無數」的善行。而這更可證明，周瑩為清代知名的陝西女首富，其義行與胡雪巖、王熾這些紅頂商人相比，絲毫不遑多讓。

在看完這幾位富甲天下的清商經歷之後，便可以明白，能在商場上扎根，才有說話的本錢，才有回饋國家的可能，其中固然需要放下身段，但有信念的商人不會為眼前近利所迷惑，而是著眼於大格局的全盤考量。所以，無論是個人信念的具體實踐，或者是對於國家社會的回饋，都必須等到企業經營成功之後才有落實的可能。當我們在看到商人為了擴展版圖而放下身段時，或許也可以換個角度來看看，當自己登到那樣的高位，是否還能有足夠的堅持，貫徹自己的信念？

義商之道

胡雪巖　為民族傾盡財力，奪回定價權

王熾　為社會以利聚財、以義用財

女首富周瑩　為國赴難、活人無數

無奸不成商？那可未必。「無奸不成商」是指商人賺的是賤買貴賣的利潤，自然會無所不用其極達成目標。不過歷史上，不少有遠見的商人卻反其道而行，他們深知，信諾和口碑是縱橫商場的不二法門，成功之後多半也會傾己之力共赴國難。

日本「經營之神」松下幸之助曾經說過：「企業家的使命就是賺錢，如果不賺錢那就是犯罪。」身為企業老闆的使命是賺錢，想辦法讓企業活下來，才有存在的意義。但是賺錢並不是企業的全部。這就如同一個人吃飯是為了活著，但活著並不只是為了吃飯。企業也是如此，如果在賺錢之後不能為社會各方面創造價值，那也沒有在社會上存在的意義了。

上位

《周易》有言：「正人藏器於身，待時而動。」說明了人就算有卓越的才能、超群的技藝，也不會到處張揚，而是在必要時才出手，畢其功於一役。

然而，在潛沉自礪過程中，不是埋頭苦幹就能成功，不僅要處理複雜的應對進退，也要注意競爭者的暗中較勁，有些手段也許你不屑一顧，但江湖在走，這些手段也要懂。因此，韜光養晦之餘，你要如何脫穎而出？對手使出陰狠手段時，你要如何連消帶打？不要懷疑，在歷史裡已經暗藏職場晉升上位的不二法門。

獨立思考的乖乖牌，才有舞台

菜鳥只能有耳無嘴、乖乖聽話？讓人刮目相看的三國呂蒙告訴你，不要因為「菜」，就一切聽從他人指示，因為老闆要的不只是聽話，而是聽懂。

在職場上，不乏與自己同期進入公司的人，但是很有意思的是，花同樣的時間、同樣的心力、交辦同樣的任務，為什麼有些人就是可以在短時間內脫穎而出？這些人到底是怎麼做的，才能菜鳥出頭天呢？

在歷史上，讓人「士別三日、刮目相看」的非三國時代的呂蒙莫屬。呂蒙小時候家裡窮，沒有好好受栽培，後來從軍累積戰功，受到孫策的賞識。孫策死後，孫權開始重用他，但因為呂蒙從小沒怎麼念書，孫權勸他有空就讀讀書。呂蒙覺得自己既然是個武將，讀書做什麼？於是推託說：「軍事繁忙，沒時間讀書。」但孫權對他說：「漢光武帝軍務繁忙時，仍然手不釋卷；曹操也期許自己老而好學，他們都做得到，你又為什麼做不到？」這話給呂蒙很大的刺激，於是開始博覽群書，累積學識。

後來魯肅[13]暫代周瑜處理軍務，偶然和呂蒙交談，對他完全不一樣的談吐與見識大為吃驚，於是一改自己輕視的態度，拍著呂蒙的背稱讚說：「原本我以為你只會打仗，沒想到士別三日，你已經令人刮目相看了！」而這個故事也讓人從此津津樂道，成為一個人勤奮努力，短時間就有驚人進步的代表。

然而，你以為呂蒙只是悶著頭苦讀而已嗎？有許多線索證明，他的竄起，有許多我們忽略掉的小心機。

13魯肅：東漢末年東吳著名的外交家及政治家，在周瑜去世後接掌前線軍事，為孫權策劃戰略藍圖，力主與劉備勢力聯合對抗曹操。

心機① 不要因為「菜」，就一切聽從他人指示

呂蒙十六歲時，跟著姐夫鄧當混飯吃，當時鄧當是孫策的部將，沒法另行安置，只好把他帶在身邊，呂蒙總是趁著姐夫不注意時，偷偷跟在他的身後打仗。後來鄧當發現了，大聲斥責，但無論他怎麼做，都無法阻止呂蒙偷偷上戰場，於是他想到一個絕招，就是把這件事情告訴呂母，呂母聽了當然生氣，斥責之外還要處罰呂蒙，但呂蒙回答她說：「娘，當前貧賤的生活實在無以為繼，不如讓我及早從軍，還有機會取得富貴，更何況不入虎穴，焉得虎子？」這番話令呂母大為驚奇，便沒有處罰他。

從這裡看來，呂蒙一點都不像我們想像的，是一個隨遇而安、聽從人家安排的小孩，他很早就有自己的想法，也懂得找方法朝自己的目標邁進，即使遭到姊夫與母親責罰，他依然不改自己的初衷，反過來用遠大的目標表示自己並非魯莽行事，讓人不得不同意他踰越年紀所做的努力。

沒錯，在職場上不是因為「菜」就得一切聽從他人的指示，誰說在既定的程序之外，不能用自己的方式來加強實力？公司的流程是死的，人的做法是活的，公司交辦下

來的任務，你固然得完成，但公司沒交辦的任務，沒規定你不能去接觸，這樣的努力不用多，只要每天偷學一點，就是自己日後嶄露頭角的本錢。

心機② 體察局勢，找到脫穎而出的最適時機

呂蒙到底有沒有偷學到本事呢？看來似乎是有的，因為當時鄧當有個手下，看到呂蒙年輕，好幾次嗤之以鼻說：「你小小年紀從軍能幹麼？上戰場還不就是羊入虎口而已？」呂蒙聽了大怒，舉刀殺了他，姑且不管這個恥笑他的人是否大意，但呂蒙能殺了他，可見得武藝不容小覷。但人命關天，這讓呂蒙只能倉皇逃到同鄉家中躲藏，後來，校尉袁雄說服他出來自首，還為他掛保證說情，孫策因而把他放在身邊辦事。此後，呂蒙漸受重用，居然能在鄧當死後，接替他的職務。

孫策死後，孫權接掌江東大權，想把年輕將領加以整併，篩選出一批真正有才華的將領。呂蒙明白，這一整併，自己脫穎而出的機會就更少了，所以他預先為自己的出線構思了一個方法，就是為部下製作新的軍服，並且加緊操練。後來孫權閱兵時，一眼就發現這支軍隊的與眾不同，對呂蒙的治軍有方留下深刻印象，因而重用呂蒙。

然而，你以為呂蒙出奇制勝，只為了爭取曝光而已嗎？有一件事情，可以看出他謀定而後動。赤壁之戰後，曹軍北歸，當時益州將領襲肅率軍投誠，周瑜請孫權把襲肅的部隊撥給呂蒙管轄，此時呂蒙反倒上奏說：「襲肅有膽識謀略，遠道而來投誠，如果還剝奪他的軍權，反而會引起不安。」孫權覺得呂蒙說的有理，便讓襲肅的部隊歸建。此事代表，呂蒙在爭取機會時，會作全盤考量，並非單只是標新立異炫人耳目。孫權初掌大權時的整併，呂蒙判定年輕的君主想要有所作為，嚴整而精良的軍容正是他所要的，所以他為部下訂製軍服；襲肅率軍來歸時，固然是一大利多，但他衡量情況，不惜推翻周瑜的意見，就是為了顧全大局。這意味著，他的爭取曝光不是輕率為之，而是適時提出想法並實踐，所以掌握這「適時」二字，正是職場菜鳥脫穎而出的重要關鍵。

心機③ 具體實踐老闆提出的建議

如果呂蒙這麼有「小心機」，那為什麼會需要孫權來提醒他讀書的重要呢？首先要釐清的是，呂蒙一點都不像是我們所想像的目不識丁，他只是沒把讀書當一回事而已，孫權也明白，所以他是這麼對兩位部屬呂蒙和蔣欽說的：「我哪是想要你們成為博士？

我只是要你們多涉獵一些歷史而已。」後來還說：「（自己）自統事以來，省三史、諸家兵書，自以為大有所益，如卿二人，意性朗悟，學必得之。」這話顯露出兩個意義，一是孫權肯定兩人夠聰明機敏，可以一點就通；二是希望兩人能像自己一樣，從歷史多得點智慧，說得簡單點，就是老闆的「經驗分享」。

一起聽這話的還有江表十二虎臣[14]之一的蔣欽，要是呂蒙不吭聲，讓蔣欽回答，一樣可以交差了事，不過呂蒙不這麼想，他找了一個藉口回應說：「在軍中常苦多務，恐不容復讀書。」這話其實也有兩個含意，一是表達自己公忠體國，戮力以赴；二是變相邀功，說自己公而忘私。倘若讀書這件事孫權只是隨口說說，應該會對呂蒙的回應口頭上嘉勉一番。不過，孫權對讀書這件事的重視，遠比呂蒙想像的大，所以孫權再拿東漢光武帝及曹操出來作榜樣，呂蒙意識到老闆對這件事的重視，才會投其所好，加倍苦讀，同樣聽到這番話的蔣欽，並無實質作為，但呂蒙卻接受並加以實踐。你說，這種把老闆的話放在心上，還懂得老闆一番苦心的部屬，會不會被重用？當然會。

14江表十二虎臣：三國時代孫吳麾下十二位將領的合稱，包括程普、黃蓋、韓當、蔣欽、周泰、陳武、董襲、甘寧、凌統、徐盛、潘璋、丁奉。

呂蒙年少時沒有因為自己「菜」就隨人擺弄，反而趁機累積戰場上的實力，擺脫寒微的命運；之後藉由與眾不同的治軍管理之道，讓自己被老闆看見。但真正讓他在同儕之間脫穎而出的，是呂蒙在老闆面前顯現出，他是一個可以獨立思考的乖乖牌，當其他人對於老闆的經驗分享只是聽一聽就算了，而他不僅聽了進去，還具體實踐了老闆的建言，這種肯上進、知進退的態度，才是他得到老闆寵信的關鍵。

菜鳥竄紅小心機

心機①　不要因為「菜」，就一切聽從他人指示

心機②　體察局勢，找到脫穎而出的最適時機

心機③　具體實踐老闆提出的建議

從呂蒙的經歷來看，顛覆許多人以為初入職場不要太招搖，以免「棒打出頭鳥」的潛規則。不出頭以免自己成為箭靶，這樣的看法似乎沒什麼錯，但其實大謬不然，因為職場上難免競爭，你不先奠定自己的地位，人家怎麼會甩你？一旦奠定自己的分量，就算原本不夠交好的同儕，也會乖乖跟你打好關係。

低調做人，高調做事是搏上位的第一步，但要像呂蒙這樣承認自己不足勤讀書的謙遜態度，才能在上位後博得同儕的好感，也難怪魯肅讚揚呂蒙勤學有進，學識英博，非復「吳下阿蒙」。呂蒙也因此深得孫權鍾意，甚至在他生病時特置於內殿，在別室牆壁上鑿了小洞以便觀察病情。每當看見呂蒙稍能進食，孫權便為之大喜，當呂蒙病況轉重，孫權便會心煩失眠，可見其深厚的君臣關係。

晉升之道，把豬隊友變神救援

不怕神一般的對手，就怕豬一般的隊友。管仲、荊軻告訴你，識人之能、知人之智，把隊友或自己變成神救援，就是你踏上主管之路的開始。

不怕神一般的對手，就怕豬一般的隊友。但不可避免的，一個團隊中難免有越幫越忙，不小心扯你後腿的豬隊友。說是故意嗎？彼此又沒有利害關係；說是能力不足嗎？又還是有點執行力，但每每就在功成圓滿之際，一個不小心的失誤就使得整件事功虧一簣，害了整個團隊。

遇到這種豬隊友，我想大家應該都會避而遠之，但這卻不是最好的做法，因為只要是團隊作戰，他就是佔了一個名額，也卡了一份戰力，架空他的職務最多只能不出錯，卻會加重自己的工作負擔，那到底應該怎麼做？

救援① 識人之能，擺對位置豬隊友也會是神救援

春秋時代的鮑叔牙跟管仲是好朋友，那是自小相識的好交情，不過兩個人做生意，本錢都是鮑叔牙出也就算了，賺到錢管仲還要分大份的；之後兩個人一起上戰場，鮑叔牙是衝鋒陷陣，可是管仲總是躲在後面。好不容易鮑叔牙推薦管仲做幾個小官，每回都因表現不好而遭到責罵丟官，連帶拖累鮑叔牙也被人怪罪。

然而，當別人指責管仲的不是時，鮑叔牙總能提出辯解，像是賺錢分大份是因為管仲家裡窮，戰場躲最後是因為管仲要奉養父母，小官做不來是因為那不是大事，管仲是做大事的人才。後來管仲好不容易被賦予重任，輔佐公子糾，但在關鍵的皇位爭奪戰中，公子糾及公子小白爭著回齊國繼承國君之位，管仲企圖暗殺小白，在莒道上以彎弓射之，不料卻只射中帶鉤，小白詐死，隨即快馬先行回國順利當上國君，成為齊桓公。

照這樣看來，管仲應該稱得上是不折不扣的豬隊友了吧？既然如此，鮑叔牙為什麼一再為他辯護呢？因為鮑叔牙具有識人之能。他從小認識管仲，不止一次看到管仲令人驚訝的才華，這讓他肯定管仲確實有能力，只是還沒有得到他發揮的時機和場所。所以後來他大著膽子再向繼位的齊桓公推薦管仲，而被管仲射了一箭、餘怒未消的齊桓公當然不肯盡釋前嫌，但鮑叔牙以身家做保證，讓齊桓公不得不啟用管仲，這回果然讓眾人跌破眼鏡，因為在管仲的主導下，齊國國勢蒸蒸日上，齊桓公成為春秋時代的一個霸主，管仲自此從豬隊友變成神救援。

沒錯，之所以成為豬隊友，有可能是主管的誤判，或者是同事的錯看，更或者是豬隊友本人對自己過度自信。只要能培養出真正的「識人之能」，放對了位置，豬隊友也有可能發揮出人意表的戰力，先前之所以幫倒忙、扯後腿，是給他不擅長的任務，或不專精的崗位，導致事情功虧一簣，如果預先就知道這個人的屬性、能力，分配給他最能勝任的工作，就能扭轉乾坤，讓豬隊友發揮神救援的戰力。

救援②　知人之智，掌握行動自己就是團隊神救援

只不過，有時公司需要的是「即時戰力」，沒有時間進行能力鑑定，只能直接投入戰場，在實戰中磨練，遇到這樣的情況，該如何避免豬隊友存在呢？這就可以參考荊軻的做法，話說燕太子丹決定行刺秦王之後，找到前刺客田光[15]，但田光卻拒絕了。他評估自己年老力衰，無法勝任這項艱鉅的任務，於是另外推薦了一個人選——荊軻。荊軻在接到燕太子丹的託付之後，一開始也是拒絕，不過燕太子展現誠意，讓荊軻最終答應所託，燕太子丹大喜，花重金買了一把上好的匕首，還抹上見血封喉的劇毒，依荊軻的要求，準備好燕國督亢的地圖，以及投奔燕國的前秦國將軍樊於期[16]首級。另外，還額外多派了一個說是十二歲就殺過人的秦舞陽當荊軻的助手，但荊軻接下任務之後，卻遲遲沒有動身。

荊軻的拖延讓燕太子丹心急如焚，怕事情久了會生變，因此特別派人問荊軻為什麼

15田光：戰國末年燕國遊俠。為刺殺秦王政，燕國太傅鞠武原向太子丹引薦田光，但田光以年老故又推薦自己的朋友荊軻給太子丹，甚至為了激勵荊軻的志節，讓他為太子丹效力，田光自刎而死。

16樊於期：原是秦始皇手下大將，與趙國兵馬對戰中慘敗後畏罪潛逃。時因懼怕秦始皇，除燕國太子丹以外無人敢收留他，秦始皇得知後將其族全數誅殺。當荊軻提出以樊於期人頭和燕國督亢領土進獻秦始皇，伺機將其誅殺時，為報滅族血仇，樊於期拔劍自刎，太子丹趕到時悲痛不已，伏屍大哭。

不出發？荊軻回覆說，萬事俱備，只欠東風，他需要一個能和他一起執行任務的刺客，但不能是太子丹找的秦舞陽，他心中有個能進行絕佳配合的人選，等他一到就能立刻出發。只可惜，這個理由不能弭平燕太子丹的疑慮，他堅持，如果荊軻無法立即動身，就要派秦舞陽先行。這讓荊軻非常不以為然，先是斥責燕太子丹的輕率，再陳述此舉之不智，然後負氣撂下一句話說：「既然太子嫌我出發太遲，那我就直接出發吧！」

荊軻不是沒有識人之能，他一眼就看穿秦舞陽不是能託付重任的人，但短視近利的高層非要指定秦舞陽成為團隊的一員，該怎麼辦？荊軻無法拒絕，只能乖乖照高層的意思將秦舞陽納入團隊中，而他出發前撂下的話語，倒並非真的負氣，而是要讓燕太子丹明白，萬一失敗，是燕太子丹沉不住氣，而非他荊軻有勇無謀。

到了秦國朝堂之上，荊軻手捧裝著樊將軍頭顱的盒子在前，秦舞陽手拿地圖跟在後，此時秦舞陽已知道自己手中所持之物不只有地圖，還有一個不該存在的東西。一到秦王面前，他馬上聯想到，這個不該存在的東西就是為了行刺秦王之用的匕首，當場害怕得臉色一變，抖了起來。荊軻走在前面沒看到，但朝堂上大臣可是看得一清二楚，不由得議論紛紛。

荊軻回頭一看，大事不妙。雖說是燕太子丹沒有把行刺的任務告訴秦舞陽，但號稱十二歲就殺過人的他臨時怯場，不就擺明了是扯荊軻的後腿嗎？要是沒能應付過去，別說是行刺了，就連要走到秦王跟前都做不到。不過，荊軻早已預料到了！從他要求帶著樊於期的人頭開始，就把所有行刺的變因全都考量進去了，這其中，也包括秦舞陽的臨陣膽怯。所以他才沒讓秦舞陽拿人頭，因為他清楚，秦王一定要看到人頭才有可能看地圖；而他也沒把匕首放到裝人頭的盒子裡，因為秦王不會想要近距離看死人的人頭，只有在看地圖時才需要趨近。

而燕太子丹沒事先讓秦舞陽知道行刺這件事，荊軻也很清楚原因，若是秦舞陽知道自己此番是白白送死，恐怕會趁隙逃跑，那還不如冒著讓他當場察覺的風險。對於秦舞陽這種豬隊友的臨場表現，荊軻也早就擬好應對之策，所以他第一時間回過頭去大笑兩聲，對著秦王謝罪說：「北方粗魯村民，沒見過大王的威嚴，免不了膽顫心驚，請大王原諒。」這番話合情合理，如果說荊軻這個反應是臨機應變，那他萬萬不用大笑兩聲來突顯自己的無懼。

荊軻無畏無懼的反應也確實達到效果，秦王果然因此鬆懈戒心，要他從秦舞陽手上把地圖接過來，連同盒子一起獻上去，這才讓荊軻接下來的行刺可以順利進行。試想，按照順序，秦王應該是先看完荊軻手中的人頭，再要秦舞陽上前來，把地圖展開，但這樣就完全達不到荊軻行刺秦王的目的了，因此荊軻很巧妙的利用秦舞陽的膽怯，來表現自己的從容不迫，這才讓秦王鬆懈了戒心，放心讓荊軻接過秦舞陽手中的地圖及匕首。

儘管荊軻刺秦王的結果最後仍是失敗，但荊軻巧妙的把豬隊友的膽怯，變成行刺行動中鬆懈秦王戒心的關鍵，這等深謀遠慮，是不是早就在事前的沙盤演練中擘劃好了呢？當你練就掌握豬隊友的行動之後，越多愚蠢的行動，越能顯示自己的深謀遠慮以及應變的能力，甚至還能把豬隊友的缺點，變成團隊成功的關鍵，此時你自己也成為團隊不可或缺的神救援了。

豬隊友變神救援

救援①　識人之能，擺對位置豬隊友也會是神救援

救援②　知人之智，掌握行動自己就是團隊神救援

團隊作戰在職場上是必要條件，團隊中的每個人應是各司其職，也能互相補位，才能順利完成任務。因此，一個任務交辦下來，誰都希望自己的隊友是派得上用場的戰力，只是成員的好壞沒得選，萬一遇到「豬隊友」，不要只會束手無策、徒呼倒楣，只要懂得反向思考，就能把豬隊友當成磨練自己識人之能的好機會。

管仲和荊軻的例子告訴你，遇到豬隊友別怨嘆，這反而是絕佳的晉升機會，當你可以讓豬隊友擺對位置發揮戰力，或是讓自己成為團隊中不可或缺的神救援，也就是你晉升為主管之路的開始。

有勇有謀自薦術，讓努力被看見

專家說，努力不一定被看見，所以要懂得自薦。但戰國毛遂告訴你，勇敢舉手之前，你要具備被討厭的勇氣，還要學會「階段性釋出」的獨門祕技。

曾有一則人力銀行的廣告引發眾多討論，面試官究竟能不能從履歷看出一個人真正的能力？答案當然是否定的，因為履歷只是一個篩選的過程，它既然是求職者提供的，當然也可以選擇性提供資訊；面試官也清楚這種情形，所以當他們收到這些資訊時，也有一套判斷資訊真偽的標準。無論如何，履歷都只是一個門檻，如何能在求職面試時表現自己，獲得青睞，才是真正的重點。

說到表現自己，許多人大概都會想到「毛遂自薦」這句成語。毛遂是戰國人，投入趙國平原君[17]門下當食客，三年來沒有任何表現，後來平原君奉命出使楚國出兵解圍，出使的行列少了一人，在遍尋不著人選的情況下，毛遂自告奮勇，平原君與之對談後，對他刮目相看，同意他一起出使，後來果然在與楚國談判時發揮作用，成為勇於自我推薦的代表。然而，許多人都著眼於毛遂自薦的勇氣，但卻忽略了他的自告奮勇，其實是謀定而後動，有策略、有技巧的自薦。

技巧① 有意識培養獨門才能，三年磨一劍

在平原君出使楚國之前，他想從門下食客挑選二十名一同前往，但挑了十九人之後，怎麼也選不出第二十人，此時毛遂自薦，面見平原君，平原君問他：「先生來到趙

17平原君：趙惠文王之弟，在趙惠文王和趙孝成王時任宰相，以善於養士而聞名。和齊國孟嘗君、魏國信陵君、楚國春申君合稱「戰國四公子」。

國幾年？」毛遂回答：「三年。」平原君又問：「倘若先生才能優越，為何待了三年還沒被人稱頌？可見得先生並無才能。」毛遂回答說：「我的才能就像囊中之錐，一放進去就會鋒芒畢露。先前之所以沒有露出鋒芒，是因為才能沒被看見，如果今日有機會得處囊中，就能脫穎而出。」這番話，讓平原君聽了心悅誠服，帶著毛遂等人前往。看似很有道理的對話，卻被毛遂這個自薦者隱藏了一個重要的資訊：在沒有鋒芒畢露的這三年間，他到底做了些什麼？

根據司馬遷《史記．平原君列傳》記載，毛遂家世無足稱道，投入平原君門下，也沒有優越表現，這代表他初期的能力，在門下食客三千人裡無足輕重，且不說文韜武略，就連口才恐怕都比不上其他門客舌粲蓮花。在這樣的情況下，毛遂如何能脫穎而出？其實這段時間毛遂是在「體察」，體察別人如何發展長處，也體察自己的優勢何在。在與其他門客的紛爭中，毛遂發現自己常占上風，然而為什麼自己可以勝出？他審視了爭吵的過程，發現自己非常善於「見縫插針」，由此他判斷自己的優勢在於突破對方話術縫隙的隨機應變，以及迅速判斷情勢的果斷，這份應變與果斷是毛遂優於他人的地方，因此他找到機會便與人辯論，將這樣的長處磨練得更上層樓。

這種才能要在起口角紛爭時才能發揮莫大作用，可以想見，平時自然很難被看見。此外，不管毛遂有沒有主動挑釁，這樣好辯的人物也絕對不受歡迎，所以我們沒有在史料記載中看到他與哪個人物交好，也沒看到他有伯樂推薦。有些獨門才能很難在一般面試中展現出來，要在緊急時才能發揮關鍵性的作用，這樣的才華有沒有存在的必要？當然有，但是如果不能有意識培養，即使再獨特，也很難脫穎而出。

技巧② 審慎評估，階段性釋出才能

平原君張貼公告徵選隨從的第二十人，除了毛遂之外無人自薦，這顯露出兩個重要資訊：一來毛遂自薦不是逞血氣之勇，他很可能多方詢問過出使的情況，經過再三評估，才認定自己能力足以勝任；二來，平原君遲遲找不到可堪出使的人，代表此行有性命之憂，毛遂在最後的節骨眼兒才挺身而出，也代表他曾再三猶豫，眼看機會稍縱即逝，才在最後孤注一擲。

同樣的審慎與權衡，也在他出使的過程中顯現出來。當時其他十九人第一時間聽到毛遂自薦後，「相與目笑之而未廢也」，也就是互相用目光示意、暗中嘲笑他卻都沒有說出來，然而毛遂沒有因為眾人的不齒而畏懼退縮，反而是在到楚國的途中與十九人論議，讓十九人盡皆「拜服」。

這代表毛遂在這十九人面前展現了過人的見識與辯才。於是我們要問，為什麼要到了前往楚國的途中，毛遂才展示出自己真正的能力？那是因為之前他與這十九人沒有利害關係，沒有必要展現實力，但此時攸關任務成敗，如果不爭取這十九人認同，勢必無法以團隊力量先馳得點，這也是他在這關鍵時刻「放大絕」的原因。毛遂自薦不是馬上揭露自己的底牌，而是權衡利弊之後「階段性釋出」自己的才能，這種人，會讓人覺得深不可測，因為當你以為他已經拿出所有底牌時，他總是能再更上一層樓，端出令人更驚豔的企劃。

技巧③　等待最適時機，一擊中的

當平原君與楚考烈王[18]商議合縱抗秦之謀時，毛遂等人於堂下等候。從日出談到中午，都還沒有個結果，此時十九人會商，一起拱毛遂出來主議，毛遂卻沉默不語，因為他從堂上會談中，明白楚考烈王對秦國心懷恐懼，根本沒有簽署合縱的意願，只是用話術來拖延，而毛遂之所以沒有行動，是在等待一個時機點，一個畢其功於一役的機會。此時日正當空，經過一上午冗長的會議之後，楚考烈王早已飢腸轆轆，飢餓和疲憊讓他疏於警戒。此時，毛遂拿了把劍便走上台階，對平原君說：「合縱之事，只要言明利害，三言兩語便可解決，何以自日出談到日中，都沒有個結果呢？」楚考烈王一看，一個不相干的人上來，連忙問平原君這是何人？平原君說：「這是我的家臣。」楚考烈王大怒，連忙訓斥：「我與你們主公商議國家大事，你算什麼東西？居然也敢多嘴！」

楚王的訓斥，正是毛遂所要的。他手握劍柄上前向楚王說：「大王敢斥責我毛遂的原因，是由於楚國人多。現在，十步之內，大王你不能依賴楚國人多勢眾了，你的性命，懸於我毛遂手裡。要斥責我，也該由我家平原君，我的君侯就在眼前，你憑什麼斥責我？」威嚇過後，毛遂表明自己沒有傷害楚王的意思，只是「提醒」他，當年秦國白起發兵和楚國交戰，攻佔了楚國的國都和領土，燒掉了楚王的祖宗陵園，侮辱了楚王的祖先。奪國之恨、欺祖之辱，是連趙國都感到羞恥的事，難道楚王都不覺得羞恥嗎？這

18楚考烈王：楚頃襄王之子，原在秦國做質子，其父楚頃襄王病危時秦不放歸。其侍人黃歇以偷梁換柱之計騙過秦國人，使其逃歸楚國並順利繼承王位，黃歇受封為令尹，號春申君。之後秦圍趙急，楚考烈王即命春申君率兵救趙。

一番話說得楚考烈王啞口無言，只好唯唯稱是。此時毛遂認為事不宜遲，立刻吩咐楚王左右的人，取雞、狗和馬的血來，請楚王、平原君在殿上直接簽定合縱盟約。

試想，如果毛遂不是抓住冗長會議之後的時機發難，他哪裡會有發言權？如果不是因為拔劍假意威嚇，楚王又怎會專心聽他所言？如果不是事先將秦楚兩國之間的恩怨解析清楚透澈，又怎麼能一擊中的，讓楚王聽完以後「為了社稷」，同意簽署這份合約？縱然毛遂拔劍的時機點是臨機應變，但他所說的每個字都是事前萬全的準備。事後平原君把毛遂奉為上賓，感慨的說：「先生憑著三寸之舌，勝過百萬大軍，我再也不敢自稱能識人了。」

從毛遂自薦的經歷來看得，如果他沒有在那三年潛心琢磨辯才，倘若他沒有抓住最佳時機，發表直指楚王痛點的關鍵言論，導致簽約失敗？那麼毛遂自薦將不會是自告奮勇的典範，而是不自量力的大笑話。在職場上，「自薦」的確是獲得重用的臨門一腳，但真要獲得重用，你得先培養自己的獨門能力，扛得起重責。

有勇有謀的自薦

技巧①　有意識培養獨門才能，三年磨一劍

技巧②　審慎評估，階段性釋出才能

技巧③　等待最適時機，一擊中的

許多人都以為只要為公司做牛做馬，總有一天能讓主管看到自己的付出，但實際上這種情況被看見的機會微乎其微。因為抱持這種想法的人太多了，所以就算是埋頭勤做事，也要抬頭看告示，一旦有適合你的新職務、新專案，不妨毛遂自薦，否則再有才能也不一定被看見。

但要注意，毛遂自薦不是勇敢舉手就可以，首先你得具備「被討厭的勇氣」，通常在職場上自告奮勇，爭取新職位，免不了被人在背後酸言酸語，甚至初期也會有人不願意配合，除了建立強大的心理素質，最重要的還是根基於你的實力和底氣。平時培養自己的獨門密技，階段性釋出才能，等待最佳時機一擊中的，未來的舞台就是你的了。

三分顏色，也能開起七分染房

前輩說，有幾分實力說幾分話。但國父孫中山給我們的職場啓示卻是，勇於認拙，反而更能爭取旁人協助；打腫臉充胖子，才是邁向成功的第一步。

初入職場時，前輩都會告訴我們，要腳踏實地，循序漸進去做，身為菜鳥打腫臉充胖子逞能，只會讓自己爬得越高、摔得越慘。這話對一個新人來說並沒有錯，但對於一個已在職場上有過好幾年歷練的老鳥來說，不爭取就沒有成長機會，沒有嘗試就不知道能力極限，如果真要等到萬事俱備，恐怕只會把升遷的機會拱手讓人。

國父孫中山先生歷經十一次革命，才在武昌起義後創建中華民國，看起來他應該是腳踏實地的實踐者，但真實的他並不是循序漸進的乖乖牌。廣東人把孫中山稱為「孫大砲」，這是訕笑孫中山只會吹牛、說大話，之所以會有這個外號，有人說是革命黨人譏笑他沒本事卻想要推翻滿清，也有人說是袁世凱聽了他說要負責建設鐵路二十萬里表示不屑，但無論如何，「孫大砲」確實是指孫中山愛說大話無誤。

有趣的是，孫中山並不以此為忤，反而常在演說中自稱孫大砲。結果如何呢？事實證明，他大話說得越多，做出來的成績也越讓人驚訝！於是我們要問：他是如何把「大話」落實成「目標」，並切實朝著目標前進呢？重點在於他的態度。

態度① 勇於認拙，反而能爭取旁人協助

有一次，孫中山在演講時，特地為自己孫大砲的外號做了一番評語，他說：「廣州有很多人叫我作『孫大砲』，好吧，現在我就要開大砲了。」這話當場跌破大家眼鏡，有些人還笑了起來，但因為孫中山自己都承認要開大砲了，大家反而想要知道他開什麼大砲？又是怎麼開大砲？也因此卸下了對他勸說革命的心防。

人很有趣，當你極力掩飾自己的不足時，旁人會一直拿這點來攻擊你；當你坦然承認自己有所不足時，大家反而能沉住氣，想看看你葫蘆裡到底賣什麼藥？事實上，「勇於認拙」的態度，不僅會讓旁人願意多給你一個機會，還會對你的印象由負轉正，由訕笑變成激賞，據說當時孫中山在演講完之後，不僅沒有人吐槽，反而博得滿堂彩。

職場上有目標絕對是一件好事，只要沒有利害關係，旁人多半願意樂見其成，但是否能讓人願意多出一份助力？此時態度就很重要，而這份坦誠不足的態度與勇氣，就是爭取旁人支持或提供協助的先決條件。

態度②　擬定企劃，周詳可行能爭取更多資源

孫中山的革命看在他人眼裡是大話，但孫中山可不是隨便說說。他看到了當時滿清的腐敗，看到了世界民主思想的潮流，更重要的是，他看到民心對於國家未來的不信任，以「民之所趨」來號召群眾，當然能獲得共鳴。

又如他為袁世凱所詬病的「鐵路計劃」，也不是信口開河，當時的人都認為，沒有

錢哪有辦法蓋這麼多鐵路？但孫中山自有一套不同於常人的見解，他是這麼對《民立報》記者說的：「交通為實業之母，鐵路又為交通之母。國家之貧富可以鐵路之多寡定之，地方之苦樂，可以鐵路遠近計之。」也就是說，他認為有了鐵路可以帶來財富，鐵路越多則財富越多，只要能開啟第一步，就能因為這份良性循環改善人民的生計，才逐步建構出他心目中的二十萬里鐵路[19]。

這話夠狂，也忽略掉很多左右鐵路建造的因素，但這番規劃並非沒有道理，這也是對孫中山不以為然的人，只能訕笑他愛說大話，但卻沒有一個人可以全然否決他理想規劃的原因。因此，在職場上要開七分染房，那「三分顏色」就顯得格外重要。如果這三分顏料在研製的過程中夠扎實，做出來的品質夠道地，它就有可能染出五分，甚至是七分的效果。也就是說，當人們開始認為你的企畫案周詳可行之時，你就有可能爭取到更多的資源，來達成你超乎尋常的目標。

19 二十萬里鐵路：袁世凱推翻清政府後，一九一二年孫中山將大總統之位還於袁。當時袁曾問孫是否願意繼續為國效力？孫表示對其他職位沒興趣，他要「專心致志於鐵路之建築，於十年之內築二十萬里之線」。二十萬里鐵路實現於何時呢？二〇一三年，中國才真正實現鐵路總里程十萬公里。

態度③　關鍵不在事前爭取認同，而是事後做好做滿

正因為是「理想」，並不一定能真的心想事成，完全一如事前的企畫，執行時便要有無比的魄力和堅持，隨時修正與檢討，盡可能減少影響失敗的因素。

推翻滿清之後，孫中山的民國是創建了，但他心目中的民主國家卻沒有真的建立，二次革命的失敗是一大重挫，護法運動又再跌一跤，照理來說，跟隨他的人再怎麼死忠，也應該幡然悔悟了吧？可是並沒有，原因是他的行動雖失敗，卻能拿失敗當養分，修正與檢討出更好的步調；就算他的理念再怎麼被軍閥扭曲，他依然能以退為進，堅持完成建立民主國家的目標，這份魄力和堅持，成功讓蘇聯提供有條件的金援，建立黃埔軍校[20]。

我個人也有類似的經歷，當年剛考上大學時，我想要應徵補習班作文老師的工作，但是在完全沒有經驗的情況下，我該如何取信於人呢？我準備了一份課程進度表，沙盤演練補習主任會問的問題，面試過程中也坦承自己的經驗不足，卻更展現我超乎尋常的熱忱，就靠著這樣的一張紙一張嘴，成功被任用。然而，我並不因此自滿，反而更兢兢

業業，在每一堂課前做足準備，端出讓補習班主任出乎意料的教案與創意，由此更深信我能把課程帶好，中間固然也有教學效果不彰的時候，但我從教學實戰中調整教學方式，從學生反應中檢討教學風格，讓學生從抗拒到喜歡。半年後，我以此為基礎，一口氣應徵了五家補習班的課，由此成為炙手可熱的人氣老師。

用我的經歷與孫中山相比，當然是微不足道，但我們確實都是以「大話」為基礎，事前做好完善的企劃，執行過程中堅持做好、做滿，儘管成就有高下之分，但心路歷程卻都是一無二致。因此，在工作上如果因為別人的警告畏縮不前，反而真正落入了所謂的「畫地自限」。建議你在訂定工作目標時，不妨訂一個高出自己能力一點的目標，以孫中山的誠懇態度與縝密企劃做前導，在逐步落實的過程中堅持做好做滿，如此，你或許也會跌破他人眼鏡，在工作上交出一張亮眼的成績單。

20 黃埔軍校：一九二四年，在蘇聯大量挹注「人」、「財」、「槍」三援之下，孫中山才得以建立起黃埔軍校。建校之初蘇聯派出三十多名教官，提供二五〇萬盧布開辦經費，並先後六次運來大批槍炮彈藥。

落實大話的態度

態度①　勇於認拙，反而能爭取旁人協助

態度②　擬定企劃，周詳可行能爭取更多資源

態度③　關鍵不在事前爭取認同，而是事後做好做滿

毛遂自薦是評估時機展現自己的能力，但有沒有一種情形，是老闆丟下一個艱鉅的任務，你認為自己可以做到，但老闆卻不認同，而將你的自告奮勇打回票呢？老闆的考量因素有很多，像是你不具經驗，不認為你可以勝任；或者態度相對保守，要等初步實績出來之後再決定是否賦予重任。無論考量為何，如果你因為被打回票而放棄，就代表失去一個絕佳表現或磨練的機會。這個時候，就算你是厲害的毛遂，也需要一點講大話的技巧，更重要的是，如何把大話落實成可以執行的目標，並且真的朝著目標前進。

被迫選邊站的權變之術

職場上的角力杯葛，逼得你不得不選邊站？三國狼相司馬懿教你，如何在不得已中通權達變，跳脫非黑即白的困局，在最小損失中得到最大成果。

如果可以選擇，任誰都希望在工作上順心如意，只是同事之間的角力杯葛，主管的專橫霸道，客戶的無理要求，常會使工作不能盡如人意，然而面對惡劣的環境和情況時，你只能徒呼負負，或是憤憤離職嗎？這裡要提供一個同樣有切身之痛的人給你參考，那就是三國時代的司馬懿。

史書記載，司馬懿[21]是「狼顧之相」。所謂的狼顧之相，就是身子不動腦袋卻能完全轉到背後，這樣的人被視為心懷叵測，有謀反之心，司馬懿的權謀也因此不斷被人拿來放大檢視。但仔細綜觀他的一生，卻可以發現，他的所作所為全都是被時勢所逼，然而，無奈之下的決策，卻展現了他高明的謀略。同樣是迫於形勢，司馬懿的應對和一般人到底差別在哪裡？

權變① 避無可避，反其道以示忠誠

當公司業務進行整併，人事調整時，最討厭的就是被派到不喜歡的主管手底下做事，這一點，也曾是司馬懿遇過的痛。

建安六年時，曹操擔任司空[22]，聽到司馬懿名聲不錯，就想徵召他來麾下任職，但司馬懿完全不想在曹操手底下做事，他拒絕的手法是裝病。當時曹操放他一馬，七年後等曹操當上宰相，可就沒這麼好說話了，當時曹操對司馬懿下達最後通牒：「如果再推辭不從，就把你抓起來。」[23]司馬懿不得已，只好乖乖就職。

照理來說，被迫到不喜歡的主管手底下就職，司馬懿應該是百般不願，做消極的抵抗，可是他並沒有這麼做，到任後盡心盡力做事，不僅和太子曹丕維持很好的關係，還當上丞相主簿，也就是曹操的幕僚長。這樣的反差讓曹操暗暗留心，晚年時還特別提醒曹丕：「司馬懿不是甘為臣下之人，日後必定干預我們曹家的事。」然而這份提醒卻落了空，因為司馬懿先前努力和曹丕建立良好的關係，讓曹丕不認同父親的想法，總是替司馬懿講話，而司馬懿在知道自己遭到忌憚之後，更加盡忠職守，讓曹操也拿他沒轍。

這意味著，不得已來到討厭的新主管身邊，並不代表不能取得信任，反其道表示忠誠，或者拉攏新主管身邊的人當護身符，反而能扭轉劣勢，讓自己有機會大展長才；換個角度來看，這也是調整自己心態的方法，因為一個主管再怎麼討人厭，只要能重用你，你就不需要任意棄守自己耕耘多年的成績。

21司馬懿：三國時期魏國權臣，曾抵禦蜀漢丞相諸葛亮的北伐軍，堅守疆土。歷經曹操、曹丕、曹叡、曹芳四代君主，晚年發動高平陵之變，掌握曹魏政權。

22司空：是朝廷最尊顯的三個官職之一，與「太尉」、「司徒」並稱為三公。表面上司空雖是三官之一，但可問責百官，實則大權在握。到建安十三年，曹操為了加強對朝政的進一步控制，正式下令廢止了司徒、太尉、司空三公官職，任命自己為「丞相」。

23《晉書．宣帝紀》記載，「及魏武為丞相，又辟為文學掾，敕行者曰：『若複盤桓，便收之。』帝懼而就職。」

權變② 認清自身優劣，退而求其次

「選哪邊站」，常常是公司派系鬥爭所需面對的問題，尤其是情況到非表明立場不可時，那更是棘手，同樣的疑難也曾落到司馬懿身上。

司馬懿這麼優秀，卻從來沒真正受到曹操重用，原因是打從一開始他進入曹營，曹營就人才濟濟，無論是功勞或苦勞，他都沾不上邊，雖然後來司馬懿也進獻過不少計策，但曹操並不真的言聽計從，時而採納，時而不用，這顯示曹操對這些進言只是「僅供參考」。這一點，司馬懿也很清楚，但此時的他還有一個更大的考驗，就是曹操接班人的派系鬥爭。

儘管司馬懿與曹丕[24]交好，但並不意味著他非得站在曹丕那邊不可，要知道，當時的接班人之爭是攸關身家性命的，選錯邊不僅前程不保，還有性命之憂。彼時曹操的主簿楊修，選擇的是弟弟曹植，以司馬懿的睿智來看，如果他想投靠曹植，大可以「曹丕身邊的暗棋」身分向曹植投誠，但此時他所做的，不是急著選邊站，而是先認清自身優劣。他評估，儘管當時曹植形勢大好，然而憑著自己的性格與能力，卻不見得能真正獲得信任，所以他選擇繼續站在曹丕這邊，後來果然成為曹丕重用的班底。

從司馬懿的經歷來看，在面對派系鬥爭時，貿然投入形勢較好的那方不見得是最好的選擇，必須評估自身能力優劣在派系中的地位，以及原有經營的優勢，選擇真正有利的陣營，才是明哲保身之道。

權變③ 不隨之起舞，跳脫別人預設的選項

反其道而行是逆向思考，退而求其次是明哲保身，但如果對手刻意挑釁，該挺身迎戰還是避而遠之呢？司馬懿選擇的是以拖待變，不隨之起舞。

曹丕死後，司馬懿以顧命大臣的身分，展現他在軍事上的天分。然而在領兵抗蜀時，卻碰上他生平最強勁的對手諸葛亮，幾次交鋒都輪番敗陣，他迫不得已選擇登山掘營，堅守不戰。部下譏笑他：「公畏蜀如虎，奈天下笑何？」他憤而出兵，卻被諸葛亮

24 曹丕：三國時期曹魏開國皇帝。曹操嫡長子，之後繼承父親的魏王封號與丞相大權，最終逼東漢漢獻帝劉協禪讓，曹丕自立，是為魏文帝。

行險逆襲；他不顧張郃[25]反對，強行追擊蜀軍，卻反而讓張郃白白送命。

此後他體會到，意氣之爭討不到好處，只是徒然損耗自己的戰力。所以接下來司馬懿當縮頭烏龜，堅不出兵。他在等，等諸葛亮糧盡自退，這一招果然讓諸葛亮急了，諸葛亮為了激戰，特別送了一套女人的衣服給他[26]，譏笑司馬懿就像女人一般，這下子，司馬懿的屬下全火了，紛紛要求出戰。坦白說，諸葛亮這招人身攻擊當真陰狠，他算定司馬懿身為堂堂魏軍統帥，受此侮辱肯定無法再隱忍下去，倘若司馬懿受激應戰，或任由屬下倉皇出戰，一定打不過做好萬全準備的蜀軍；換個角度來看，倘若司馬懿繼續隱忍，難免會因為內鬨不休而造成士氣瓦解、戒備鬆懈，如此蜀軍便可伺機大舉進攻。

如此看來，司馬懿應該是沒有第三條路了，偏偏司馬懿哪個也沒選，他應對的方法是「拖」。他對屬下說：「魏軍將要一戰，但必須經過皇上同意，所以我已經連夜兼程派人請示，在此之前，請大家提高警覺，做好戒備，因為隨時會有一戰。」可以想見，當時屬下一定轟然叫好，如此一來，既維持了士氣，又能將士用命，還可以嚴加戒備，枕戈待旦，讓諸葛亮無機可趁。一段時日後，司馬懿又以「陛下不准出兵」為由，以拖待變。諸葛亮得知此消息後，明白要與魏軍決戰於曠野已無可能，加上他自己的身體健康每況愈下，已知勢不可為。果然數月後，諸葛亮就病死於五丈原。

司馬懿的應對告訴我們，即使局勢惡劣到別無選擇時，也未必要跳入他人預設的選項，跳脫非黑即白的困局，往往能成為脫離劣勢、反敗為勝的關鍵。司馬懿經歷三代託孤，終能掌握大權，他之所以能成功，歷來學者有不同的解讀。有人說他「有雄豪志，聞有狼顧相」，有人說他「聰亮明允，剛斷英特」，但我獨獨喜歡《晉書》所說「權變」二字，因為他總是在局勢惡劣的迫不得已中，通權達變，選擇一個最適合自己的做法，在最小損失中得到最大成果。司馬懿的峰迴路轉告訴我們，反其道而行不是標新立異，是為了扭轉劣勢；退而求其次不是逆來順受，是為了明哲保身；跳脫出別人預設的選項不只是出人意表，還為了反敗為勝。迫於形勢無奈的你，是否從中得到一些應對之道？

25張郃：三國時期曹魏名將，後期抵禦蜀國的表現出色，多次抵禦諸葛亮北伐。諸葛亮第四次北伐，張郃在木門道追上蜀軍交戰，結果右膝中箭，不治而死。《晉書》記載此役司馬懿俘殺蜀軍上萬，《三國志》則寫張郃擅自追擊蜀軍被殺，此處採用的是《資治通鑑》所引《漢晉春秋》的說法。

26孫盛《魏氏春秋》記載：「亮既屢遣使交書，又致巾幗婦人之飾，以怒宣王。」

反敗為勝的權變謀略

權變①　避無可避，反其道以示忠誠

權變②　認清自身優劣，退而求其次

權變③　不隨之起舞，跳脫別人預設的選項

有時在工作上，並不是能力或人際關係出問題，而是種種因素影響，導致英雄氣短，主管不信任你，同事也懷疑你，在爹不疼、娘不愛、兄弟不挺的情況下，你只能選擇坐以待斃嗎？未必見得。

通權達變，指的是不墨守成規，能根據實際情況做適當的應變。司馬懿處於劣勢，卻能扭轉乾坤，其獨到之處就在於懂得反向思考，懂得示弱曝短，懂得隱忍不發，以拖待變，因而反敗為勝。只有在學校考試，才會有「是」和「否」的單選題，出了學校進入職場，你得要學會跳脫非黑即白的二選一困局，找出一個在最小損失中得到最大成果的方法，這樣才能立於不敗之地。

跳槽不是轉學，而是升學

此處不留爺，自有留爺處，是許多上班族的心聲。但從孔子與韓信連三跳來看，謹記！跳槽的智慧絕不是從這坑「跳」那坑，而是要從這階「上」那階。

「同業跳槽」常被視為是一種背叛，若是逼不得已這麼做，多半是經過深思熟慮，且在具備一定的籌碼下跳槽；當然，會選擇跳槽的人，也都認為自己有足夠的本錢，可以背得起相應的代價，但如果自信過度或見識不明，任意跳槽可是會反受其害的，「至聖先師」孔子就是這麼一個輕易跳槽導致鬱鬱不得志的借鏡。

孔子早年努力做學問，到三十歲時才漸漸為人所知，這也是他會說「吾十有五而志於學，三十而立」的原因，只是這個時候他雖有名氣，卻沒有相應的職務，一直到五十一歲時，魯定公才發現孔子是個人才，任命他為大司寇，攝相事。這個位置相當於司法部長兼行政院長的工作，該稱得上是重用了，然而沒多久，他卻放棄了這個位置，跳槽到別的國家，而且還不止一國，是好幾國，成為後世所謂的「周遊列國」。明明就是一個能學以致用、大展身手的好機會，但為什麼孔子選擇跳槽，還越跳越差呢？

綜觀孔子的一生，我們發現他犯了跳槽三大禁忌：

禁忌①　無論才華多高，都不要過度自信

有才華的人很容易犯一個錯誤，就是「過度自信」，總覺得自己的眼光看得最遠，顧及的層面最全面，所下的判斷也最正確。過於自信的結果，是輕看由來已久的沉痾，輕忽潛在的反彈力道，導致決策功敗垂成，讓新老闆質疑自己是否看走眼？

根據史料記載，孔子當上魯國大司寇後做的第一件大事，就是「墮三都」。所謂的

隳三都，就是拆掉季孫氏、叔孫氏、孟孫氏三家的都城，這三家因為是魯桓公三個兒子的後代，被稱為「三桓」，由於三桓掌握了魯國政權，而三桓家臣又在不同程度上控制著三桓，導致家臣為所欲為，魯國亂象百出。

因此，孔子評估後認為，如果能拆掉三桓的都城，就能解決家臣帶來的弊病。這種情形好比有人劃地為王，圍起柵欄胡作非為，一旦柵欄倒了，裡頭的人當然不能關起門來為非作歹，所以孔子下猛藥，透過「隳三都」的改革，希望能改善魯國內政上的亂象。

這樣的想法無可厚非，問題是孔子太過自信了，他認為自己出發點既然是為國家好，一定能得道多助，沒想到的是，政治利害糾葛的盤根錯節，可不是「為國家好」這個出發點就能迎刃而解的，所以三桓一開始為了抑制家臣勢力表示支持隳三都，公山弗擾因此發動叛變，孔子雖然順利平叛，卻讓另一位家臣公斂處父成功遊說孟懿子反對「隳三都」。公斂處父是這麼說的：「毀掉我們成邑的都城，齊人必能直抵國境北門。成邑是孟氏的保障，沒有成邑，就沒有孟氏，怎麼能眼睜睜看它毀掉？」這番話徹底打動孟懿子的心，讓孟懿子開出反對「隳三都」的第一槍，於是在唇亡齒寒的利害關係之下，一桓反對，二桓跟進，最後原本支持隳三都的三桓，全都聯合起來反對孔子的改革。

如果孔子事先體會自己的改革對既得利益者有多大的衝擊，應該是想辦法用更迂迴的手段來解決，採取漸進式的處理，或者是背地裡找藉口暗自翦除，而不是直接挑明了來戰。這一如古代君王通常不會輕易削奪將軍兵權，便是為了顧忌手握軍權的將軍作亂。身為大司寇的孔子過於自信，沒把反彈的力道估算進去，不僅家臣反叛，權貴也聯合反對，導致「墮三都」的改革功敗垂成。

禁忌② 別問自己能做什麼，先問老闆需要什麼

人們之所以會選擇跳槽，有很大的原因是在於自己不能一展長才，很有趣的是，這種人輕易跳槽之後，通常也會面臨同樣的困境，原因是他們總希望老闆給自己發揮的空間，卻忽視老闆當前所需，「所為」與「所需」不同調，跳槽之後當然容易重蹈覆轍。

儘管孔子墮三都功敗垂成，但在其他改革上仍有一定成果，這讓魯國國勢頗有起色，也引起齊國的警戒，因此齊大夫黎鉏設計，贈送魯國君臣八十名美女及一百二十匹駿馬，讓魯國君臣耽於美色享樂，多日不理朝政。孔子幾番進諫不被理會，心裡已經有些不滿了，再加上魯國舉行郊祭後的祭肉，沒有按慣例送給孔子及諸位大夫，這讓孔子

心灰意冷，決定跳槽到衛國。

孔子應該明白，君王鮮有不愛好美色及享樂的，如果規勸不成，應該反過來，想辦法利用君王重視的人事物進諫，或者是投其所好，伺機動之以情、喻之以理，很顯然的是，孔子堅持君王要跟自己一樣必須以身作則，才會遭到君王的冷落，最後他不得已跳槽到衛國，但跳槽到衛國的孔子，是否就此改善境遇了呢？

孔子到了衛國之後，一開始頗受衛靈公敬重，比照魯國俸祿給孔子同等待遇，也就是俸粟六萬。可惜的是，這種禮遇並沒有相應可以施展抱負的官職。後來衛靈公與夫人南子同車，孔子為次，其他官員在後，一行人大搖大擺遊市而過，孔子逼不得已陪著衛靈公等人招搖，心中很是感慨，他嘆說：「吾未見好德如好色者也。」就離開衛國了。

從這裡可以推測，衛靈公熟知孔子治理魯國的情形，知道孔子是個人才，所以才給同樣的高薪待遇把他留下，但也怕孔子管太多，因此沒給他相應的官職，這代表，孔子到了衛國之後，依舊只顧著君王要給自己發揮長才的空間，仍忽視君王所需，並且同樣堅持君王要跟自己一樣必須以身作則，如此當然會重蹈在魯國的覆轍。

禁忌③ 切莫短視近利，記得高瞻遠矚

此外，越是在跳槽後力求表現，越容易在關鍵時出錯，因為急於建立功勞的企圖心，往往會影響應有的高瞻遠矚與面面俱到，因此「過於急功好利」是跳槽第三大忌。

孔子離開衛國之後周遊列國，在宋國遇到司馬桓魋想要殺孔子，又在鄭國與弟子失散，被人說是喪家之犬，這些困厄，都沒有阻撓孔子求用之心，後來他在陳蔡邊境開班授徒等待機會，好不容易等到楚昭王派人禮聘孔子，但他卻因此受困陳蔡，這又是怎麼回事呢？原來，陳國和蔡國大夫一聽到楚昭王想要重用孔子，深怕他這一去會危害本國，聯手將孔子圍困在陳蔡邊境，孔子和他的弟子因此絕糧七日，後來是派子貢想辦法到楚國，才讓楚昭王得知情況而興師迎接孔子。

照理來說，孔子應聘之時，應該知道楚國一旦強大，遭殃的就會是陳蔡，屆時自己將會成為陳蔡忌憚的對象，因此應聘之時，應該要有所防範，但孔子太急於求用，一聽到楚昭王招募就立刻啟程，完全沒為可能遭遇的危機預留後路，要不是有弟子幫他，他可能就此餓死在陳蔡了。所以，儘管孔子堅持為政的理念讓他名留千古，但在職場上，

孔子的做法卻有可能適得其反。

跳槽的成功案例——韓信

看完孔子跳槽所犯的錯誤之後，我們來看另一個也喜歡跳槽的人物，那就是西漢開國功臣韓信。韓信跳槽的過程中，也同樣犯了這三點錯誤，但他最後卻僥倖跳槽成功，為劉邦所重用，為什麼呢？就是因為他及時察覺自己的錯誤。秦末大亂之際，韓信一開始投入項梁麾下，是「杖劍從之」，在古代，只有貴族能擁有寶劍，所以這把劍，一定程度說明韓信並非泛泛之輩，但他卻自以為項梁能看得出來，並未說明自己的出身來歷，這就犯了第一個禁忌「過度自信」。

韓信很快就發現自己的錯誤，後來轉入項羽麾下，多次主動進獻計策，只可惜項羽剛愎自用，沒把他放在眼裡，韓信只好又跳槽到劉邦陣營。此次跳槽仍未受重視，當此之時，韓信應該要想辦法投劉邦所好，但他卻沒這麼做，只是一味負氣怠忽職守，差點被斬首[27]，這就犯了第二禁忌「忽視老闆所需」。

這回韓信痛定思痛，決定從劉邦最倚重的大臣——蕭何那邊著手。在數次與蕭何徹夜長談後，讓蕭何大為驚奇，向劉邦推薦韓信，如此一來，只要假以時日，必能受到重用。只是此時的韓信，又犯了第三個禁忌「過於急功好利」，遲遲等不到劉邦正面回應，他居然選擇逃亡，逼得蕭何親自連夜追趕、曉以大義，後來是韓信覺悟到自己實在太過心急，乖乖跟著蕭何回來。此時回來的他是否有風險呢？當然有，要是劉邦大怒之下以軍令論斬，韓信恐怕連小命都不保。還好，在蕭何力保之下，劉邦以前所未有的規格拜韓信為將軍，而他也進獻自己深謀遠慮的天下大計，讓劉邦深悔於太晚得到韓信，而後建功立業，成為名副其實的「國士無雙」。

孔子和韓信都犯了跳槽三大禁忌，但韓信迷途知返，孔子卻執迷不悟，導致他周遊列國後依舊沒有受到大用，這是兩人跳槽之後際遇有高下之別的原因。因此有意跳槽者要記取三大忌，跳槽要跳得有自知之明，跳得能順應所需，跳得能高瞻遠矚，這樣的跳槽，才能讓自己真正得其所哉。

27《史記．淮陰侯列傳》中提到，信乃仰視，適見滕公曰：「上不欲就天下乎？何為斬壯士！」滕公奇其言，壯其貌，釋而不斬。

跳槽的禁忌與智慧

孔子犯下的跳槽禁忌

禁忌①　無論才華多高，都不要過度自信

禁忌②　別問自己能做什麼，先問老闆需要什麼

禁忌③　切莫短視近利，記得高瞻遠矚

許多人在公司遲遲無法升遷之後，往往會萌生去意，而且選擇跳槽的新公司，多半都是性質相同或相似的同業。不過，跳槽之後就能保證一路平步青雲嗎？其實就算換到新公司，除了原公司可能會以「競業條款」來約束你之外，還要適應新公司的文化與制度，如果太過輕忽這段過渡時期，往往會使跳槽後的境遇遠不如前公司。

從同樣更換陣營過三次的孔子與韓信來看，跳槽成敗的關鍵不在於你選擇跳到哪裡，而是在於是否改變了自己的工作態度，當你提升了自己的高度，才能在新公司開拓出新出路。

換了位置，當然該換換腦袋

慣性複製成功，就是啓動自我毀滅。從健俠到奸相，三國董卓告訴你，你的成功並不是你的成功！還在用舊的成功方法思考新位置，就是敗亡的開始。

無論是職場或商場，要成功並不容易，總要耗費無數的心力，付出高昂成本，才能達成目標。也因為過程艱辛，在面對下一個挑戰時，人們會很自然複製過去的成功模式作為捷徑。然而，複製成功模式，常常是成長停滯的開始，甚至會帶來敗亡。在歷史上，就有這麼一個人因此從盛極一時到人人喊打，那就是三國時代惡名昭彰的董卓。

㊉首 部曲　籠絡抗命，成功莫高自己分量

說到東漢太師董卓，人們想到的是《三國演義》中被貂蟬迷惑的形象；在成語「董卓燃臍」裡，說的是怨恨他的人們如何在他肚臍眼插上燈芯，連點三天三夜。如此看來，董卓驕矜自大、殘暴不仁的形象，還真是深入人心，然而，大家所不知道的是，早年董卓頗為人稱道，根據《後漢書‧董卓傳》記載：「性粗猛有謀，少嘗遊羌中，盡與豪帥相結……由是以健俠知名。」從這段敘述中，可以看出董卓有勇有謀、剛猛俠義，人們才會以「健俠」稱之。

董卓之所以能掌握西涼軍，也是來自於這個基礎，當初由於他豪爽勇猛，游牧民族都與他交好，後來董卓被朝廷徵召為羽林郎，成為高級武官，隨即得到中郎將張奐的重用，當了軍司馬，被賦予討伐漢陽羌人的重任。在此役中，他不僅擊斃了羌族首領，還斬殺敵方一萬多顆首級，讓羌人從此秋毫無犯。

但他的驍勇還不是受人敬重的原因，而是他會把自己得到的賞賜，全部分給屬下，毫不吝惜，就是這樣的恩威並施，讓他成為既善戰又懂御下的將帥；後來他一度因討伐

黃巾賊失敗而被免官，但是當涼州戰事再起，朝廷又不得不重新起用他，而他也因此累積許多戰功，逐漸統領整個西涼軍。

不過，董卓的兵權越是擴大，朝廷也越是忌憚，為了有效箝制，先後封他為少府、并州牧，想要以此剝奪他的兵權。這種感覺，就像是高層覺得屢屢創下銷售佳績的業務經理，對公司的影響力太大，就以明升暗降的方式將他調離業務部一樣。如果是一般人，可能從此乖乖認命，但董卓並不因此坐以待斃，他看準朝廷雖然忌憚他，但也少不了他，因此拒不就任，換言之，就是以銷售市占尚未完全站穩為由，拒絕升遷，繼續待在掌握公司命脈的業務部。

後來，大將軍何進召董卓進京，想要誅殺宦官十常侍[28]，但董卓還來不及進入洛陽，何進就因事機敗露而被十常侍殺掉。此時董卓當機立斷，趁虛而入，先是快速收編何進在洛陽的軍隊，再派弟弟董旻誘使何苗[29]的手下吳匡叛變，殺了何苗。至此，董卓等於接收京師所有群龍無首的武裝部隊，成為京師最有影響力的人。

董卓的成功是不斷的運用籠絡、抗命等方式，奠高自己的分量和影響力。以現代職場上的眼光來看，就像一個業務主任憑著高超的業績和手腕，打進總部核心擔任總經理要職。這樣的成果難能可貴，此時若能憑藉過人手腕和行事魄力，穩住東漢頹傾的局勢，未嘗不能成為第二個衛青和霍去病[30]，在歷史上永享大名。可惜的是，董卓的野心不是成為安邦定國的功臣，而是想要掌控整個大漢王朝，這就好像業務經理升任總經理之後，並沒有好好整頓公司，反而處心積慮欲取老闆而代之一樣。

二 部曲　複製叛變模式，挾天子以立威

該怎麼進行下一步呢？董卓很自然的複製了以往的成功模式。首先他誘使對手的下屬背叛老闆，唆使呂布對付上司丁原，再招攬呂布成為并州軍新統領，兩人還誓為父子。如此一來，後來進京的并州軍也等同被董卓招降，京師再也沒有任何人可以威脅他。因此董卓又複製了「挾重兵以抗命」的手法，挾天子以立威，他廢少帝、立劉協為

28十常侍：指東漢靈帝操縱政權的張讓、趙忠、夏惲、郭勝、孫璋、畢嵐、栗嵩、段珪、高望、張恭、韓悝、宋典十二個宦官。大將軍何進為對付十常侍而召董卓率軍隊入京，成為漢末大亂以及促使三國割據的重要事件之一。

29何苗：何進的異父異母弟，本姓朱。其母改嫁何真，當時何真已有何進一子，朱苗隨母嫁入何家故改姓何氏。

30衛青、霍去病：衛青為漢武帝時期皇后衛子夫異父弟，任大司馬大將軍，是擊潰匈奴的西漢名將。霍去病為衛青的外甥，西漢漢武帝時代對抗匈奴的名將。

獻帝，等於掌握了整個朝廷；當此之時，他並沒有忽視對名家大族的籠絡，《後漢書・董卓傳》記載：「雖行無道，而猶忍性矯情，擢用群士。」意為董卓大張旗鼓提拔一些效忠他的人才，雖然袁紹、曹操等人與他公開決裂或潛逃出奔，但有更多名士如張邈、韓馥和孔伷等人是為他所重用的。

如此看來，董卓把以往的成功模式複製得相當徹底，就算不能成功，也應該不會差到哪兒去，但為什麼結果完全不如預期呢？事實上，每個職場的位階，都有不同的考量，一旦進階到更高層時，原有的成功模式並非不能複製，但是不應該照單全收。

董卓犯的第一個錯誤，就是將他在掌握西涼軍的那一套搬過來，以為擁兵自重就能以「任意廢立」的方式號令群雄，卻忘了游牧民族與漢人在文化認同上有很大的差異，沒有一個名正言順的帝位，人們不會真正的順服，後來才會引發袁紹[31]集結十三路聯軍進行討伐。這個情形，一如原本善於各種業務交際手段的總經理，真的登上了老闆大位，卻還是拿以前跑業務的那一套來管理行政、資訊、行銷、客服等其他部門，當然是引起眾聲撻伐，群起反之。

三部曲　用狡詐手段對付自己人，下屬離心離德

其實「成功模式」之所以可行，往往不是策略與手段，而是其中的精神與內涵。董卓當初之所以能夠深獲人心，是因為具有「健俠」的俠義之風，然而後來他成功掌握西涼軍卻是與朝廷的折衝鬥智而來，讓他誤以為政治操作就是如此。於是當他更進一步想要掌握東漢大權時，複製的全都是類似的卑劣手段。他固然還記得「擢用群士」，但健俠時期的豪爽與大度已不復見，連與他「誓為父子」的呂布，到後來也都因為一個婢女而反目成仇[32]。

這一如最初業務經理之所以能升任總經理，是因為帶人帶心創下驚人業績。當然，在升任的過程中，不免要使出某些狡詐的滅敵手段，但等他真的拿下總座的位置，確實掌握整個公司大權之後，不僅沿用那些狡詐手段對付敵人，也拿它來對付自己人，這怎

31袁紹：東漢末年割據勢力之一，官至大將軍。因董卓廢少帝，擁獻帝，實行恐怖統治，關東各地太守以「討董」為名起兵，推舉袁紹為盟主。董卓棄守洛陽，挾天子遷都長安，此時關東聯軍起了內鬨，盟軍決裂，形成群雄割據的局面。

32董卓挾天子遷都長安後，時常要呂布做侍衛及守中，但董卓性格多疑，曾向呂布擲出手戟，呂布又與董卓的婢女有染，恐怕事情被董卓發覺，心中十分不安。當時，王允、士孫瑞、楊瓚等密謀暗殺董卓，於是拉攏呂布，呂布答應並刺殺成功。

麼不令原本推心置腹的手下離心離德呢？只要不滿董卓的人稍有動作，便毫不留情被徹底剷除，這樣極端的威嚇固然能收一時之效，但又豈是長久之計？沒多久，董卓就自食惡果，果然死於自己最得力手下呂布的反叛。

董卓遭遇給了我們一個啟示，成功者升任領導人之後，往往會慣性複製自己的成功模式，因為對他來說，「就是這麼做，才有今天這個位置的」，但是他卻忘了，因應當前局勢必須換個思維，作相應的調整，然而董卓換了位置，並沒有跟著換腦袋，這樣當然會敗亡。

董卓以武將的豪氣大方贏得美名、收兵坐大，但後來擁兵自重、位極人臣，卻忽略了位高權重者需要的不只是實力，更要人氣。想要收攏天下人心，靠著排除異己的狡詐權謀，沒有相應的調整，最終還是會招致滅亡。

成功、複製到敗亡三部曲

首部曲　籠絡抗命，成功奠高自己分量

二部曲　複製叛變模式，挾天子以立威

三部曲　用狡詐手段對付自己人，下屬離心離德

許多人琢磨出一個成功的法則之後，不自覺的就會沿用，成功的過程固然是費盡千辛萬苦的不容易，但如果為了維持永遠的成功，或是抱持貪圖省力的僥倖心理，一再的使用原有的套路，久而久之，很容易就此停滯不前，或者不再具有挑戰困難的勇氣。

做事如此，做人也是如此，當你身為一個業務戰將，可以豪氣大方；但當你升任一個專業經理人，就不能只是靠豪氣大方來治理公司。當你從專業經理人變成公司領導人，就不只肩負對內治理公司的重責，更要顧及對外的公司形象。有人形容「換了位置，就換了腦袋」，這其實才是正確的職場態度，若是只懂得沿用舊模式、舊思維而沒換腦袋，小心有一天，你可能因此而掉了腦袋！

自保

屈原在《卜居》裡說：「尺有所短；寸有所長。物有所不足；智有所不明。」說明了無論是什麼樣的人事物，都有各自的優缺點，再怎麼面面俱到，也難免有鞭長莫及的時候，因此上位之後該做的，就是自保。

水能載舟，亦能覆舟。離權力核心越近，越有可能反被權力所吞噬，唯有做好自保的心理準備，才能先立於不敗之地，這也是左傳所說：「居安思危，思則有備，有備無患。」歷史上，縱使聰慧如楊修，也有誤觸曹操底線的時候；忠誠如岳飛，也有遭宋高宗以莫須有罪名下獄的時候，因此，別以為上了位就能無往不利，要能體察暗藏玄機的人心幽微，才能夠真正高枕無憂。

踩線者必須死的天字號禁忌

揣摩上意讓你上了位，犯了天條則會讓你上天堂。天才楊修的故事告訴你，老闆不明說的心中大忌，一是我沒給的你不准搶；二是我沒定的你不許下。

在職場上不乏善於揣摩上意的人，這種人通常也被視為逢迎拍馬，但正確說來，這是一種「理解老闆思維」及「超越老闆期待」的應對能力，如果不拿它來營私舞弊，這樣的人反而會受到老闆器重。不過，揣摩上意也要知道分寸，其天字第一條禁忌就是，不可踩踏老闆的底線，否則你再怎麼受寵、受器重，恐怕也難免殺身之禍。

在中國歷史上，就有個因踩踏到老闆底線而性命不保的超級天才，那就是三國時代的楊修[33]。我們知道，老闆再怎麼雄才大略，總有思慮難及的地方，這就是董事長底下為什麼總有個總經理的原因，曹操也是，他一方面與群雄競逐，一方面要安定領地，多少軍國大事要處理？所以他需要卓越的人才分憂解勞，楊修，就是這麼一個絕佳的幫手，他是曹操的主簿，這個職位相當於幕僚或機要，而楊修也不負曹操期待，無論曹營內外大小事都能處理得井井有條，很是稱曹操的意。

楊修的獨到之處，在於他能精準揣摩上意，把事情做到位，《世說新語．捷悟》中就提到兩個案例，一是他擔任主簿時，曹操下令修建相府大門，屋椽剛修好，曹操就親自來視察，巡完之後在門上題了個「活」字，許多人都不知道這是什麼意思，但楊修一看就叫人把門拆了重做，人家問他為什麼？他說：「門裡頭加個活字，不就是闊嗎？」果不其然，曹操確實嫌門太闊。一般說來，老闆之所以要出題考試，不外乎是想測試手底下哪個是人才？楊修恰如其分展現自己的聰明才智，就當下表現來說，並無不妥。

33楊修：擔任丞相曹操的主簿，負責內外之事，都合曹操心意。後數次助曹植通過曹操的考驗，建安二十四年曹植與楊修醉酒擅闖司馬門，並誹謗曹彰遣人舉報，曹操藉此機會，以「前後漏泄言教，交關諸侯」而收之。

另一個故事也是字謎。當時有人送曹操一杯乳酪，曹操吃了一些之後，就在杯蓋上寫了個「合」字，眾人看了沒一個能懂這是什麼意思，唯獨楊修看了大大方方吃了一口，對著大家說：「曹公叫我們每人吃一口，這有什麼好猶豫的呢？」這個回答是在曹操眼前進行的，我相信楊修的回答一定獲得滿堂彩，而曹操本人也必然嘉許。事實上，根據《三國志．曹植傳》裡提到，自曹丕以下，無不爭著與楊修交好，這代表楊修深受曹操器重，前程遠大，但為什麼後來卻惹來殺身之禍呢？

我們都知道，老闆會用的人才有幾種類型，一是聰明又聽話，二是聽話不聰明，三是不聽話又不聰明，最討厭的是聰明卻不聽話。雄才大略如曹操，當然有容人的雅量，但前提是要聽自己的話，說得難聽點，聽話的狗才能深得老闆信任。聰明如楊修，當然明白其中訣竅，因此在他擔任主簿期間，縱然展現了自己的才華，卻又小心翼翼謹守本分，他跟在曹操身邊至少二十年，除了這兩則表現其捷悟的故事以外[34]，我們並沒有看到其他妄猜心意的主動出擊，就代表他是曹操心中那種既聰明又聽話的人才，只是這份倚重，卻在他涉入曹操接班人之爭後變了質。

在老闆心中，都有一些不可碰觸的底線，屬下再怎麼優秀，一旦誤蹈，無論再怎麼勞苦功高，都只能冰封或殺無赦！那麼，哪些是老闆心中不可踩踏的絕對領域呢？

底線① 我沒給的權力，你不准搶

在老闆心中有一把權力的尺，有些是他認為可以下放出去的，有些則否，但這把尺沒有公認的標準，完全看老闆自由心證。照理來說，曹丕為長，是曹操理所當然的接班人，但曹操心中卻有一個更值得期待的人選，那就是才高八斗的曹植，但是廢長立幼之不可取，是他老早就從袁紹那邊得到的教訓，所以對於接班人，他一直沒有真正的下決定，就是還在審慎評估中。

這個接班人之爭，就是曹操不想假手他人的底線。楊修身為曹操的主簿，當然清楚曹操真正的意向，他判斷曹植較有勝出的機會，所以決定扶持曹植，為他出謀劃策。兩

34《世說新語．捷悟》另一則有關楊修的故事。據傳曹操曾從曹娥碑下經過，楊修隨從。看到碑背題著：「黃絹幼婦，外孫齏臼」八字，曹操要求楊修先不要說出答案來，待他自己想一想。過三十里，曹操才解出，和楊修寫出的「絕妙好辭」四字相同，讓曹操感嘆自己的才智，比起楊修竟然相差三十里。不過，「絕妙好辭」的故事已經被考證為虛構，原因是曹操本人從未到過江南，不可能見到位在東吳境內浙江的曹娥碑。

個兒子要如何培養自己的班底，那是各憑本事，所以楊修站在哪邊曹操並沒有干預，他更在乎的是誰真正有本事。所以曹操使出他最喜歡的一招：出題。他下令曹丕和曹植兩人奉命出鄴城大門，但暗中卻吩咐守門人不得放行。他想知道，在軍令如山之下，誰能真的完成使命？先到城門的是曹丕，在被守門人阻擋之後就乖乖回來，曹植隨後也被難倒了，但他比較聰明，跑去詢問楊修該怎麼辦？楊修告訴他說：「你就對守門人說，我是奉君王命令出城，膽敢阻擋者，殺無赦。」

曹植因此恍然大悟，順利完成使命，曹操第一時間當然覺得開心，但後來幾次再出難題，也都是曹植勝出，這就令曹操訝異了！曹植雖聰明，但個性也相對疏放，怎麼每次面對曹操的考題都能對答如流呢？這讓曹操暗暗留了心，後來他派人觀察，才知道是楊修在背後捉刀。曹操火大了，接班是我曹家的私事，怎能容他人置喙？而今楊修不僅在背後捉刀，還自以為天衣無縫，怎麼能不讓曹操震怒？楊修是否知道自己犯了曹操的忌諱？我想他是清楚的，但有兩件事情影響了他的判斷，一是過去他在曹操面前表現的聰明才智，讓他認為自己有足夠的分量可以介入；二是他認為自己的捉刀萬無一失，但碰上多疑的曹操，反而讓捉刀一事曝了光。

底線② 我沒定的決策，你不許下

有些決策影響層面很大，老闆一時委決難下，也許需要有人從旁提點，但絕不容許越俎代庖。曹操在與蜀漢對峙的漢中之戰[35]裡，對於是否退兵一直猶豫不決，因為已經連吃幾次敗仗了，孤注一擲恐怕一敗塗地；但如果鳴金收兵，又怕被敵人恥笑。但他畢竟是綜觀大局的人，心底已經做好退兵的打算，只是要想個兩全其美的藉口，既不影響士氣，又能退得漂亮。

就在曹操細細思量之時，看到下屬進了碗雞湯，他心中有感而發，將夜晚口令定為「雞肋」，哪知道就這二字，讓楊修看破曹操心意，於是要隨行的士兵收拾行李，這個動作引來夏侯惇質疑，楊修告訴他說：「雞肋食之無味，棄之可惜，魏王雖不言，不日內必然退兵。」這話後來傳到曹操耳中，讓曹操終於定下殺機。

說破口令這事，可大可小，以曹操之愛才，未必在乎自己這點心意被楊修察知，他

35漢中之戰：漢中是益州北方一郡，接近長安三輔地區，易守難攻，因此劉備平定益州後，向北攻佔漢中，戰事維持兩年。最終因曹軍死傷甚多，五月曹操終於退兵回長安，劉備佔領漢中，並正式建立基業，不久後創立蜀漢。

介意的是，自己並沒有授權楊修收兵回防，如果此事不處理，等於放任楊修弄權，恐在日後假傳聖旨。更重要的是，被說破的心意就好比無作用的威信，對於帶人帶心都會產生不良影響。曹操意識到繼續縱容楊修帶來的嚴重後果，於是決定殺之而後快，在回師長安之後，以洩漏國家機密、結黨營私為由，殺了楊修。

憑楊修的聰明才智，不可能不知道自己的舉動是僭越犯上，但同樣有兩件事情影響了他的判斷：一是他認為下令整理行李是極私密的事情，卻沒想到隨行士兵擅自將命令傳了出去；二是楊修高估了曹操的聰明才智，他滿心以為等自己整理好行李，曹操也想好退兵的藉口了，可是事情完全不如預期，才使得楊修聰明反被聰明誤，丟了小命。

楊修之死告訴我們，在職場上，聽老闆的話、接受老闆考驗、超越老闆期待是取得信任的最有效利器，但別把這份信任拿來測試老闆的底線，因為就算你再怎麼小心翼翼，也都難免誤觸老闆底線，而步上楊修身首異處的後塵。

老闆內心的底線

底線① 我沒給的權力，你不准搶

底線② 我沒定的決策，你不許下

一般說來，老闆都希望下屬能聰明伶俐，做事機靈，因為不懂揣摩上意的員工很難用。老闆日理萬機，哪有時間一個口令一個動作下指示？只不過，這樣的揣摩上意也得懂得分寸，如果揣摩過了頭，反而會踩到老闆內心沒說出來的底線，歷史上不乏這樣因此招來殺身之禍的人，聰明如楊修，就是最好的例證。

有才者必修，當酸民不等於講真話

系出名門加上讓梨美談，為何最後株連三族？神童孔融聰穎有餘但白目無禮，愛當酸民好批評，公然挖苦老闆。若你是老闆曹操，殺他也是剛好而已。

你身邊是不是也有這種同事，講話不看對象、不看場合、不看事件，原以為只是心直口快，但他竟然連面對主管、客戶時也「直言不諱」，這類職場「小白」即使工作能力不錯，也會因為不知分寸而破壞體制，或者搞不清楚狀況而闖下大禍。古代，當然也有這樣的職場小白，而且這個人還是赫赫有名的神童：孔融。

「孔融讓梨」的故事大家應該都耳熟能詳，四歲的孔融居然懂得把大顆的梨子讓給哥哥，古人視為是天性淳厚謙讓，但仔細考究，這個故事最早只能追究到唐代，可信度很有斟酌空間；不過《世說新語》另外記載了一個有關孔融的故事，當他聽到中大夫陳韙給他「小時了了，大未必佳」的評價，第一時間反駁回去：「想君小時，必當了了。」這個故事很清楚突顯了孔融的性格，聰穎機智、反應絕倫。

照理來說，這種人不管是投身職場或政壇，應該都能如魚得水，遊刃有餘，但最後他的下場，卻是落得被頂頭上司曹操殺掉，這究竟是怎麼回事呢？

錯誤① 自以為剛正不阿

原來，孔融雖聰明，卻也犯了一個聰明人最容易犯的錯誤，就是「恃才傲物」。像是他曾被時任司徒的楊賜[36]提拔，負責彈劾貪污官僚，當時楊賜派他拿著名片去祝賀何進當上大將軍，只因為門人未及時通報，孔融就把名片奪回，回去寫了一篇彈劾何進的

36楊賜：東漢靈帝時其位列三公之一。其子楊彪，孫楊修。

狀子，辭職不幹了。歷來講這個故事的人都說他個性「剛正不阿」，但我卻不以為然，如果真是剛正不阿，應該是去祝賀之前就寫好彈劾狀，怎麼會是被怠慢之後才彈劾？後來何進好不容易接受屬下勸諫，盡棄前嫌徵召他為侍御史，但沒多久孔融又與上司趙舍不和，託病辭官回家，怎麼個不和法？史書沒說，不過大抵與孔融看不起趙舍為宦官打壓士族有關。

孔融的「傲」其來有自，他不僅系出名門，是孔子的二十世孫，而且家學淵源，名滿天下，還很敢說話，這樣的人當然會成為文壇標竿。但是，任何主管遇到這種屬下，肯定都很頭痛，明明是個超級人才，可是難以駕馭的程度，又與才華成正比，用與不用都是兩難。不過，大多數企業主管都相信自己可以駕馭此等人物，會試著招募看看，用不來頂多一腳踢開便是了。這種心情不獨現代，三國時代的梟雄董卓也這麼想，所以董卓找孔融來當虎賁中郎將，後來董卓掌握朝廷大權，想要擅行廢立，卻遭到孔融激烈反對，董卓非常惱火，但也不敢真的對他下手，所以把他派去黃巾軍鬧得正兇的北海，擔當北海國相。

算是被「發配邊疆」的孔融，到了北海國時「收合士民，起兵講武」，確實做得還不錯，但他畢竟只是個文人，哪有能力打仗！後來被黃巾軍所圍，還好派太史慈向劉備求救才得以脫險。當時，袁紹、曹操已逐漸成為中原地區最強大的勢力，幕僚左承祖勸他投靠袁紹或曹操，孔融不僅不接受，一怒之下居然殺了左承祖。這顯示，他自負有才，不願屈居人之下，但孔融真的有平定國家社稷危難的主張或策略嗎？似乎並沒有，所以《後漢書》說，孔融「負有高氣」、「才疏意廣」，講得白話些，就是恃才傲物，眼高手低。所以後來他被袁紹的兒子袁譚攻打，不僅守不住城池，逃跑時還丟妻棄子。

錯誤② 挖苦老闆家務事

沒多久，曹操先行一步，挾天子以令諸侯，為了壯大自己聲勢，把孔融找來作官，曹操打的如意算盤是，如果孔融能為自己所駕馭，那當然要好好重用；如若不然，至少可以拿來當作號召人才的模範。只是他沒想到，孔融果真是一顆燙手山芋，還讓他燙到食不下嚥，氣到內傷。

有一次，曹操打敗袁紹，將袁紹的兒媳甄宓抓來，給兒子曹丕當媳婦，孔融非常不以為然，但他沒有直接勸諫曹操，反而是編了一則故事對曹操說：「古時周武王伐紂，將紂王的愛妾妲己抓來賜給弟弟周公，這次曹公也是效法先賢，可真是可喜可賀。」曹操聽了大樂，心想孔融不愧是孔子後代，果然學富五車，常拿這件事跟別人炫耀，但講久了不免好奇，這個典故自己怎麼沒聽過？後來曹操找了機會追問孔融典出何處，此時孔融卻告訴他：「以今度之，想當然耳。」意思是「看現在發生的事，想必過去也會發生。」這就是成語「想當然耳」的由來。對曹操來說，他覺得孔融這人雖然難搞，但從不懷疑孔融的才學，所以壓根沒有想到孔融會用「想當然耳」這種編故事的伎倆來挖苦自己，如果編故事也就算了，裡頭還暗損曹操，把曹操比作武王，曹丕比作周公，甄宓比作妲己。

武王跟周公是兄弟，做弟弟的抓美女貢獻給哥哥還說得過去，但曹操跟曹丕是父子，曹操如此愛美女，卻把自己中意的甄宓給兒子，這不就暗示曹操和曹丕在這件事情上不成體統？再加上，妲己是歷史上著名的蛇蠍美女，拿她來比擬甄宓，也似乎暗示著，曹氏父子將因紅顏禍水反目成仇。這一次的「想當然耳」，讓曹操對孔融氣得牙癢癢的，但這不是大的公務過失，又是曹操自己私德有虧，只好摸摸鼻子認栽。真正讓曹操起殺機的，是另外一件攸關軍情的大事。

錯誤③　帶頭反對老闆政策

我們都知道，打仗時最怕缺糧，當時曹操也面臨了連年征戰、糧食緊張的窘境，所以他特意頒佈禁酒令，號令任何人不得私自釀酒，連愛喝酒的曹操自己也都遵令而行。哪知道，孔融此時不僅照常呼朋引伴喝酒，還好幾次上書公開反對禁酒，引經據典說是古時的帝王豪傑都愛喝酒，飲酒哪有不好？再以凡事有害就要禁，那是不是連仁義、文學、婚姻都要一起禁？看在他是名士的分上，曹操也不能不耐著性子回信，闡明禁酒的必要性，但孔融根本看不進去，一味為了一己之私反駁。反駁也就罷了，語氣還越來越不友善，《後漢書》裡說孔融：「頻書爭之，多侮慢之辭。」這個行為就像是老闆在檢討會議上，明令規定上班不准滑手機，還宣示自己會以身作則，此時孔融經理卻視若無睹的在會議上拿手機出來滑，被發現之後不僅振振有詞說滑手機是為了衝業績，還語帶輕慢的跟老闆回說：「這個時代誰不用手機衝業績？」如此白目的行徑，又怎會不讓曹老闆除之而後快呢？

然而我們要問，孔融這麼有才，難道不懂什麼是「識時務者為俊傑」嗎？那倒也未必，對孔融來說，只要他認為是對的，秉持著「剛正不阿」的處事準則，就該不吐不快。以孔融對曹操的應對而言，如果對老闆的行徑不以為然，大可私下對老闆進行勸諫，或找個適合的場合說之以理；但孔融不僅沒這麼做，還公然嘲諷訕笑，帶頭反對老闆的政策，這種自以為是的白目行徑，怎會不成為老闆的眼中釘？

聰明有才者通常有一種迷思，就是認為自己的天賦超群，就可以有「才華豁免權」，縱然旁人不相救也還有上天會相救，得天獨厚的才華和操縱輿論的能力，反而被他當成自以為是、衝動白目的藉口。所以後來曹操在殺孔融的罪名中，以其人之道還治其人之身，竟拿他逞才鬥氣時所說的話，指責他圖謀不軌和忤逆不孝[37]。到最後，孔融這個孔子的後人，居然是以「不忠不義」的罪名處死，還株連全家，當真是諷刺到了極點，但如果不是孔融自以為是，愛當酸民又好批評，種種白目行徑惹上殺機，又怎麼會落到如此悽慘的地步？伴君如伴虎，上位之後離權力核心越近，就越有可能反被權力所吞噬。因此再有才也不要在老闆面前自作聰明，就算你家世好、名聲大、業績高，白目無禮也是會掉腦袋的。

37孔融頂撞曹操的事件不止一起，如反對恢復肉刑、反對曹丕私納袁紹兒媳婦甄氏、嘲征烏桓、反對曹操禁酒。再加上他忠於漢室，上奏主張「宜准古王畿之制，千里寰內，不以封建諸侯」來增強漢室實權，此舉更是嚴重激怒了曹操。建安十三年孔融被曹操以「招合徒眾」，「欲圖不軌」、「謗訕朝廷」、「不遵朝儀」等罪名殺之，並株連全家。

職場白目三大錯

錯誤①　自以為剛正不阿

錯誤②　挖苦老闆家務事

錯誤③　帶頭反對老闆政策

一般說來，老闆都惜才，因為有才的人就是他的戰力，但有才並不代表可以白目無禮。白目無禮之人也許會因為有才而一時受重用，但絕對做不長久，因為只要沒有利用價值，就會被老闆棄之而後快。

謹記，在職場上，心直口快和好當酸民是兩回事，如果帶著自以為是的道德感在職場當起正義魔人，再有才、人品再高尚，最終也只會姥姥不親、舅舅不愛。表達意見時，不要把自己的「率直」當成一時爽快的藉口，在工作上和別人溝通，對方有時候更在乎你的態度，甚過你講的道理。

就算是對的事，傲嬌注定壯志未酬

忠心耿耿不是過，公然抗命才是錯。名將岳飛的遭遇告訴你，對老闆來說，眼前這個傲嬌又無法駕御的下屬，比遠方的敵人更加可怕。

歷史上的岳飛對國家忠心耿耿，嚴以律己、寬以待人，在大是大非上擇善固執，敢向宋高宗痛陳利害，據理力爭。這樣的人物兼具美德與才華於一身，原本應該是職場上的典範人物，為什麼最後仍壯志未酬，死於「莫須有」罪名之下呢？

真相① 別以為公司的利益，就是老闆的利益

老闆與公司的利益看似一致，但執行面卻常常存在對立。舉例來說，對員工加薪，直接受益的是公司，因為此舉能留住人才，讓員工全力以赴，公司將會有更大的發展，不過拿出公司盈餘給全員加薪，對老闆和股東的報酬來說卻是減損。所以這個看似有益於公司的做法，反而成為老闆心痛的地方。

岳飛成為悲劇英雄，因為他只顧及國家的利益，而沒有考量到宋高宗的立場。岳飛之所以選擇主戰，那是因為他發現主和只會白白耗掉原本的籌碼，想辦法利用現有條件奮力一搏，才能讓大宋保有一線生機，這樣的想法原本無可厚非，但岳飛卻忽略掉更重要的問題：倘若打贏金人，那原本被抓到金國的徽、欽二宗該不該回來？一旦回來，那宋高宗[38]是否會忌憚自己的大位不保？當此之時，岳飛應該要能考量高宗立場，以必要的措施鬆懈心防，但岳飛卻完全無視這個問題，儘管宋高宗迫於形勢，對岳飛的主戰讚

38宋高宗：宋朝第十位皇帝、南宋第一代皇帝。為北宋皇帝宋徽宗第九子，宋欽宗之弟，曾獲封為「康王」。即位初期眼見金朝強勢，為保江山起用主戰派李綱、岳飛等，但恐懼將領權力過大，紹興和議後重用主和派黃潛善、汪伯彥、王倫、秦檜等人，並處死岳飛，罷免李綱、張浚、韓世忠等主戰派大臣。

許有加，但實則忌憚不已，對岳飛多所牽制。於是我們發現，有時自以為對公司有利的堅持，反而與老闆的利益相左，因此在顧及老闆利益的前提下還能兼顧公司發展，才是真正的生存之道。

真相② 出色的工作成績無法避免派系鬥爭

在公司內要好好做事，人和很重要。所以有人說，「會做人」比「會做事」更重要，因為會做人往往能減少阻力，得道多助。因此，研議重要決策時，如果想做出成績，得先取得立場相左同仁的共識，才不會在派系鬥爭中內耗，以致一事無成。

選擇主戰的岳飛，與主和派的秦檜[39]形成對立，當此之時，他應該是化解在立場上的歧異，凝聚彼此的共識。然而在主戰主和的討論中，他完全不把對方看在眼裡，總覺得自己的主張才是正確的，這樣的堅持己見、一意孤行，又怎能讓對方放棄成見？所謂「獨木難支大廈」，就算個人能力再優異，也沒辦法靠一人力挽狂瀾，岳飛的自以為是加深了彼此的對立，讓秦檜有機會拉攏宋高宗與朝臣站在他那一方，從而讓岳飛逐漸失去朝中後盾，於是我們發現，岳飛在北伐的過程中，不是失敗於自己的運籌帷幄，而是後方的支援不力與互扯後腿。

真正高明的人，是會將「做人」與「做事」方向調和一致，透過拉黨結派博感情，一來可以停止內耗，二來可以凝聚共識，將所有資源與人脈對外投向預設的戰場。別以為不懂拉黨結派只是內鬥而已，用得高明甚至可以成為「不戰而屈人之兵」的殺手鐧。

真相③ 適度表現私欲，反而不會功高震主

如果有一個人拚命工作，卻向老闆聲稱他什麼都不要，這反而令人側目，懷疑他是否別有居心。俗話說得好：「人不為己，天誅地滅。」一般人都難免自私，如果意識到對方是同類，心態上反而容易接受。

岳飛打從一開始，就表明自己毫無私欲，宋高宗曾問他說：「天下如何能太平？」岳飛的回答是：「文官不愛錢，武官不怕死，天下太平。」但這個回答反而讓宋高宗心生

39秦檜：靖康之禍時原本隨徽欽二帝被擄到金國，宋高宗建炎四年回到南宋。出任禮部尚書、兩任宰相，因其力主對金議和，並促使宋高宗殺害抗金將領岳飛等，被視為漢奸、賣國賊。

猜疑，因為威脅與利誘，向來是皇帝控制臣下最有效的兩大利器。如果你愛錢，我給你錢；如果你怕死，我以死威脅你，而今岳飛的才華高過皇帝，還以高尚的人品告訴皇帝說，他什麼都不要、什麼都不怕。皇帝捉摸不透岳飛到底想要什麼，又怎麼會不擔心？

後來，忐忑不安的宋高宗想到一招，就是問岳飛對於立儲的意見。要是岳飛夠聰明，此時最該做的，就是將測試的風向球推回給高宗，因為立儲本來就是皇帝的家事，臣子何能置喙？但岳飛實在太自以為是了，總以為幫皇帝解決疑難是「以天下國家為己任」，不僅任意發表意見，還以安定人心為由，督促宋高宗儘早立儲。偏偏宋高宗無後，無論選哪個人當太子，都是一種威脅，誰知道這個不是自己血脈的儲君會不會逼宮？更重要的是，這個人選背後還有岳飛當靠山，你說，宋高宗又怎能不忌憚？

因此，在職場上適度表現自己的私欲與野心，反而能讓老闆放心，就算你再怎麼功高震主，他也覺得有足夠的籌碼可以掌控你，不會對你時時防範。

真相④　忠心耿耿不是過，公然抗命才是錯

一個員工能受重用，必然有他的利用價值，老闆可能因此容忍員工一定程度的任性，但這份任性不能過分。岳飛在陣前抗命，視同叛逃，既然不能為宋高宗所用，皇帝又怎能手下留情？

當時，當岳飛北伐勢如破竹的消息傳來，讓宋高宗的畏懼達於頂點，他唯恐岳飛真的能直搗黃龍，攻破金國，迎回徽欽二宗，連忙頒下十二道金牌，要求岳飛班師回朝。如果此時岳飛夠明智，應該是調整做法，以哀兵政策或以前線吃緊為由，緩和高宗的疑慮，再不濟，也可以陽奉陰違，輾轉達到克制金人的目的。可惜的是，岳飛根本就不屑這麼做，他以「將在外，君命有所不受」為由，堅持北伐。

高宗連下十二道金牌，就是堅持岳飛必須乖乖聽話，岳飛眼看再這樣下去實在不是辦法，終究選擇班師回朝，但回返之前卻公開表示，「十年之力，廢於一旦」，甚至後來面見高宗時，還在朝堂上請辭，這就像一個負氣任性的小孩一樣，得不到就說不要了。你說高宗怎麼能忍受？當時高宗還是要靠岳飛鎮住金人，沒有答應他的請辭，只是拿回他的兵權，但是對宋高宗來說，無法被駕御的武將比敵人更可怕，不處置，又如何容得了下屬這份驕矜？

岳飛的種種作為，套句現代用語來說，就是「傲嬌」。沒錯，他有才能、又忠心，品德也很高尚，每個老闆都清楚，將這樣的人才拱手讓人，是資敵弱己，非到不得已時，是不會處置手底下這樣的大將。但偏偏岳飛非但沒有善用自己的利用價值，想辦法讓老闆聽進自己的建議，反而一再任性使氣，弄得老闆拉不下臉來，最後當然只能壯志未酬，被莫須有罪名陷害而死。

或許有人會懷疑，如果岳飛懂得調整身段，會不會成為另一個秦檜？其實並不會，因為岳飛與秦檜最大的差別，在於前者擁有為國為民的信念，而秦檜卻是以自身利益為最高考量，附和高宗主和，是揣摩上意的阿諛諂媚，之所以陷害岳飛，也是出於保有權勢的私欲。如果秦檜擁有岳飛的才華，野心肯定會膨脹到極點，這與擁有大是大非、堅持氣節的岳飛相比，有天壤之別。

岳飛以他的經歷告訴我們，職場上忠心耿耿不是過，公然抗命才是錯；立場相左不猜疑，功高震主才招忌；公而忘私違人性，適度為己才放心。

造就悲劇英雄的殘酷真相

真相①　別以為公司的利益，就是老闆的利益

真相②　出色的工作成績無法避免派系鬥爭

真相③　適度表現私欲，反而不會功高震主

真相④　忠心耿耿不是過，公然抗命才是錯

對工作盡心盡力是好事，但如果盡力到公而忘私，反而會忽視人性帶來反作用。管理學的角度認為人性是自私的，有了這份自私作前導，就可以在驢子面前擺根胡蘿蔔，因為有了誘因，下屬做事才會更有動力。反之若是完全公而忘私，有時反而會招致同事的記恨與主管的猜忌。有人的地方就有江湖，有江湖就有紛爭，即便是如岳飛一樣集才華與品德於一身，最終仍是成為壯志未酬身先死的悲劇英雄。所以江湖行走，適度展現人性要懂，人際應對的分寸更要有。

創業元老的傲慢與偏見

創業團隊成員出走，是創業成功後不可避免的痛。不言祿的介之推告訴你，表現出一副「不聽老人言，吃虧在眼前」的元老傲慢，就是被老闆冰封的開始。

清明節的由來源於寒食節，要講到寒食節則不能不提到介之推，他跟著晉國公子重耳[40]一起出亡，顛沛流離過了十九年，始終不離不棄。傳說重耳逃到衛國時，飢餓難當，此時介子推割下大腿肉，作成羹湯，才讓重耳得以飽餐一頓，這也成為成語「割股奉君」的由來。

重耳回國登基即位後，賞賜所有曾經跟他一起逃亡的人，但這麼多人中，卻獨漏介子推；介之推看到眾人邀功，很不以為然的說：「這是上天要幫助國君，並非我等之功勞。」因此決定與母親一起歸隱山林，這也是「介之推不言祿」的由來。

看起來這是美事一樁，中間卻充滿疑竇。一來介之推跟在重耳身邊這麼久，沒有功勞也有苦勞，無論如何，重耳不可能漏掉他的封賞；其次，介之推若是真的如此不言祿，大可一不做二不休離開晉國，離鄉背井隱姓埋名，又何必非躲在山裡不可？這種感覺，如同某位元老自創業初始就跟在老闆身邊，在公司業務蒸蒸日上之後，卻辭退所有職務賦閒在家，任憑老闆怎麼求他也不回來。以常理忖度，其中必然另有蹊蹺。

大忌① 倚老賣老，遭老闆刻意冰封

司馬遷《史記》記載了一個故事，說是重耳即將返國時，先前一起追隨重耳的咎犯[41]

40重耳：即為晉文公，在位九年，在趙衰（趙國先祖）、狐偃、賈佗、先軫、魏武子（魏國先祖）、介之推等人輔佐下，成為春秋五霸之一，開創晉國長達一個多世紀的中原霸權，並為後來的三晉（趙國、魏國、韓國）位列戰國七雄奠定基礎。

惟恐流亡途中多所冒犯，假意請辭。介子推認定咎犯挾功脅君，惺惺作態，因而鄙視他的行為，不齒與他同船，自行渡河。

這個故事突顯出一點，一是跟在重耳身邊的人雖然不離不棄，但流亡在外時，時常有「不聽老人言，吃虧在眼前」的傲慢，在重耳順利登基後，咎犯意識到自己過往的不是，故意請辭以求自保，這招很是高竿，因為重耳不可能在好不容易才上位的節骨眼追究他的無禮，就更別說重耳登基後正是大舉用人之際，跟在自己身邊多年的創業元老當然一定有用處，此時故意請辭的咎犯不僅可以免罪，還可以邀功。

咎犯的行為，可以看出他對自己的行徑是有意識的反省，那會不會有一種情形是，老臣自認自己的出發點都是好的，卻完全沒有意識到自己的行徑無禮呢？這種情形，很有可能在介之推身上發生。對重耳來說，咎犯的假意請辭，好歹是知道自己的無禮與不是，可是介之推卻完全不知反省，那麼對重耳而言，就會變成是這樣的心底ＯＳ：你既然不知反省過去的無禮，我也可以當作不知道你的功勞。

所以，《左傳》在提及介之推不言祿時，開頭就說：「晉侯賞從亡者，介之推不言祿，祿亦弗及。」意為介之推固然不想要俸祿回報，但重耳也根本就沒想要賞賜。有人緩頰說是重耳忘了，但真的是重耳忘了嗎？包括介之推母親在內的人，都不太相信，所以當介之推面對母親為他打抱不平時，是這麼回答的：「我明知這些人的行為有錯，還去學他們，那我的罪不就更重？更何況，我已經口出怨言了，不應該再接受賞賜。」如果以現代職場角度來看，這番話不就是創業元老抱怨老闆忘了自己的勞苦功高，還標高自舉說，我也不稀罕嗎？

這種情形在職場其實屢見不鮮，常常是創業時大家同心協力，交情好到可以說話沒大沒小，但當公司業務步上軌道需要制度化時，元老自恃自己的地位特殊，開會時舉止仍像過去一般沒有分寸，幾番提醒仍沒有自覺，老闆為避免更多的衝突，當然只能冰封以對。這是創業元老沒有意識到情況的變化，也可說是他懷念過去的創業情誼，刻意不願自覺的結果。

41 咎犯：狐偃之別名，為晉文公的舅舅。驪姬之亂時勸重耳流亡外國，開始十九年的流亡生涯，後狐偃幫助晉文公成為霸主，狐偃為上軍將，是晉文公的首席謀士。

大忌②　老闆放下身段，仍抬高姿態

重耳的刻意冰封，介之推知道嗎？當然清楚，一來他跟在重耳身邊這麼多年，不可能不懂主子的心意與想法，二來，他既然可以察覺咎犯潛在的想法，當然也能察覺重耳幽微的心情。他甚至很可能明白，重耳就是要自己認錯或討好，但介之推偏偏不屑這樣的行為，在兩人訴求完全對立的情況下，介之推該怎麼做？只有一個選擇：出走。

刻意忽略介之推的重耳，終究還是被旁人提醒他應該賞賜介之推，此時的重耳面對一個抉擇：到底該繼續選擇忽略？還是放下身段對介之推示好？在評估利弊得失之後，急需穩定局勢的他，認為當務之急是籠絡人心，所以他假裝自己忘記了，趕緊派人尋找退隱山林的介之推母子，而且還把尋訪的事情鬧大，弄得國內盡人皆知。

介之推不可能不知道國君在找他，但他如何應對呢？其實當他出走之時，就已經是一種徹底失望的悲壯心情了，從他對母親說出的話來看，他已經做好最壞的打算，此時也只能貫徹到底了。在尋訪介之推不獲後，重耳聽到消息說，介之推母子躲在綿上山中，便把這座山改為介山，「以記吾過，且旌善人」，意為藉此記下我以往所犯的過失，並且衷心表揚這位善人。此時，無論是重耳因顧慮輿論而放下身段，或者是介之推因為話已說滿，只能繼續抬高姿態，都變成是一種不得不然的對立，如果當面碰上，場面只有更難堪而已。所以當重耳放遍消息仍不見介之推出來，自然見好就收。否則若真要傾全國之力找人，又何至於找不到帶著高堂老母的介之推？

不過，就歷史評價來看，老闆放下身段可以博得他人實質的讚賞，創業元老標榜自己的風骨，縱然孤苦終老卻也留下千古令名，但就用人之道來看，重耳失去了一位忠心老臣，而介之推好不容易捱到主君上位，卻無法在朝廷中一展長才。在《禮記．檀弓篇》中提到，有餓者因黔敖[42]輕慢的態度「不食嗟來食」，黔敖隨即修正自己的態度，但餓者終不食而死，曾子聽到了這件事曾這麼評析：「其嗟也可去，其謝也可食。」意為當黔敖態度無禮時，當然可以拒絕，但他道歉之後，則可以去吃。這也告訴我們，作為屬下的當然可以潔身自愛，功成不居，但如果老闆願意放下身段，修正自己的態度，那也未必非要堅持自己的做法，弄得兩敗俱傷。

42據《禮記．檀弓》記載，齊國遭遇饑荒，黔敖在路上準備飯食以賑濟饑民。有一個饑民蒙袂而來。黔敖說：「嗟！來食！」饑民揚目而視之說：「予唯不食嗟來之食，以至於斯也。」不食而去，最後餓死。

倚老賣老的職場大忌

大忌①　倚老賣老，遭老闆刻意冰封

大忌②　老闆放下身段，仍抬高姿態

為追尋理想，不少人選擇效法蘋果賈伯斯、亞馬遜貝佐斯一樣，幾個人從「車庫創業」開始建立一個成功的事業，但我們也常常看到相關新聞報導，在創業成功之後，當初一起創業的元老級團隊成員就此離開該公司。從介之推的例子可以看到，當公司業務步上軌道之後，元老自恃自己的資格和地位，沒有意識到情況的變化，依然照著過去的習性行事，終會與主事者漸行漸遠。

職場上倚老賣老的老鳥也不少，常因自己曾經為公司立下汗馬功勞，而把自己的重要性無限上綱，當菜鳥累積的經驗、見識比你高時，你的重要性就會被完全取代了。所以老鳥們要謹記，「資格老」並不代表「經驗老」，即便經驗老，在職場上也沒有人是重要到無可取代。

主管換人時如何寵而不衰？

一朝天子一朝臣，權力更迭時首要震盪的就是人事。三朝元老告訴你，就算換主子，也不能改的前朝遺臣自保之道：少言、圓滑、求表現。

「新頭頭來了，不知道職務會不會有變動？」沒錯，在職場上每當新主管或老闆上任後，第一個會震盪的，多半是人事。原因在於管理階層有自己的領導風格，當然也會有自己喜歡的人，急於力求表現、建立威信的他們想要創造新氣象，必須先營造自己如臂使指的條件，而人事，就是最快的捷徑。

在中國古代，把這種情形稱為「一朝天子一朝臣」，接班的帝王就算不是空降，也早就布局許久，把前朝遺臣換掉，改換自己的人馬。高明的帝王，有時還會反過來利用這個情形收攏人心，像是唐太宗過世前，故意把賢臣李世勣貶到地方上去，然後告訴太子李治說：「我之所以貶李世勣，就是因為他足堪大任，所以你登基之後，立刻把他召回京師重用，讓他心存感激。」而後李世勣果然自此忠貞不二，成為唐高宗李治的股肱之臣。然而，舊有班底就只能乖乖聽任安排嗎？那可不見得。許多臣子歷任不同帝王仍舊能屹立不搖，成為所謂的「三朝元老」，這些寵而不衰的元老們生存祕訣是什麼呢？

自保之道① 萬言萬當，不如一默

歷經康熙、雍正、乾隆三朝的大臣張廷玉[43]，是清代唯一配享太廟的漢臣。尤為難能可貴的是，他在猜忌多疑的雍正身邊，依然受寵而從未挨批。根據《嘯亭雜錄》中記載，張廷玉偶然生病請了幾天假，幾天後雍正對身邊的近侍表示手臂很痛，眾人爭相問安，此時雍正笑說：「張廷玉有疾，豈非朕股肱耶？」此話有兩層含意，一是張廷玉的重要性如雍正的左右手，二來則是少了張廷玉協助，雍正的工作量大增，當然會批奏章批到手痛，由此可以看出張廷玉多麼受到雍正的重視。

張廷玉之所以能成為三朝元老，除了能力強、人品佳，更重要的，就是奉北宋詩人黃庭堅所云「萬言萬當，不如一默」為圭臬。他有一句名言可說明他的信念：「予在仕途久，每見升遷罷斥，眾必驚相告曰：此中必有緣故。余笑曰：天下事，安得有許多緣故？」意為官場中有人升遷或遭罷黜，大家總會臆測其中緣故，但張廷玉認為與其探究其因，不如讓自己從流言蜚語中抽身，將所有心力投注在工作上；另一方面，在工作上的恪盡職守，盡心盡力，而且守口如瓶，也是帝王用人最需要的特質。

有一次，雍正偶然問起各部院大臣及所屬官吏情形，張廷玉二話不說，馬上寫下姓名籍貫及部門人事一覽表，而且毫無錯誤。雍正一看張廷玉用心到這個地步，也不由讚嘆說：「爾一日所辦，在他人十日所不能也。」而且他對於公務的用心從不懈怠，八十歲時，有一次不小心寫顛倒一句話，還擲筆嘆息說：「精力竭矣！」由此可知他這一默，正是逼自己殫心竭慮於工作上。這一點，歷任乾隆、嘉慶、道光的漢族大臣曹振鏞也有

43 張廷玉：清朝前期康雍乾三朝重臣。康熙時任刑部左侍郎；雍正時任禮部尚書、戶部尚書、吏部尚書、保和殿大學士、軍機大臣等；乾隆年間加封太保，後因得罪乾隆帝，險些遭禍，後仍依雍正遺命配享太廟，是清朝唯一配享太廟的漢族大臣。

類似的見解，他的門生曾問他：「深受皇帝寵信的祕訣是什麼？」他回答門生六個大字：「多磕頭，少說話。」也就是說，不說則已，一說便「言重如山」，又何愁會在改朝換代之際被取代？

自保之道② 唯以圓滑應付為能事

五代時期的宰相馮道[44]，經歷五朝八姓十二帝，始終屹立不搖，也因此成為中國少見的「五朝元老」。他年輕時有一首詩，裡頭兩句「但教方寸無諸惡，虎狼叢中也立身」，可以看出他的自我要求，就是行得正、坐得穩，俯仰無愧於心。所以歐陽修曾這麼評價他：「尤務持重以鎮物，事四姓十君，益以舊德自處。」司馬光也說他：「為人清儉寬弘，人莫測其喜慍。」

除了品德上的自我要求，馮道之所以可以成為官場不倒翁，是因為「識時務者為俊傑」。這裡的識時務，可不是阿諛諂媚拍馬屁，而是在於隨時注意風向而預謀應對。像是有一次，有人在臨河縣得到一個玉環，上頭刻著「傳國寶萬歲杯」六個大字，趕緊進獻給後唐明宗，明宗喜愛異常，經常拿出來玩賞，把玩之間，大臣們無不歌功頌德，但是輪到馮道時他卻這麼說：「這是前朝遺留下的有形之寶，不足為奇；陛下身懷無形之寶，才是曠世罕見。」後唐明宗一聽奇了，連忙問他：「哪裡有無形之寶？」馮道回答說：「仁義者，帝王之寶也，大寶曰皇位，何以守位則曰仁。」意思是皇上擁有仁義，才能得到皇位，馮道這一捧，當真是不露痕跡，高竿至極。

馮道厲害的地方，在於無論管理階層對他觀感如何，他都能掌握特性，三言兩語扭轉乾坤。像是契丹君王耶律德光率軍滅後晉時，馮道前去見他，耶律德光斥責他說：「你在唐曾事四帝，可謂開國守業之臣；唐亡則事晉，也歷二帝。如今又要改換門庭，如此不忠不義，本王怎麼信你？你又怎麼敢來？」馮道回答說：「無城無兵，安敢不來？」耶律德光諷刺他說：「你是何等的老兒？」馮道厚著臉皮說：「我是無才無德的痴頑老兒。」耶律德光一聽哈哈大笑，身為一國宰相如此形容自己，那也真是夠讓人莞爾了，於是笑說：「倒也乖巧，我再問你，天下百姓如何救得？」這話問得極高明，如果馮道當真無才無德，肯定是回答不出來的，哪知道馮道對他說：「此時佛出救不得，惟皇帝救得。」

44 馮道：歷經唐朝、後唐、後晉、遼、後漢、後周五朝官員，且「累朝不離將相、三公、三師之位」，前後為官四十多年，堪稱中國官場史上的不倒翁。

直接把拯救天下百姓的希望扣在耶律德光身上，不只是戴高帽，也是陳述事實。手握契丹精銳兵馬的耶律德光一聽，馬上就知道馮道的痴頑是大智若愚，於是對他的無節操也寬了心，封他為太傅後北返。

歷來學者對馮道的行徑多不以為然，像是歐陽修就說：「予讀馮道《長樂老敘》，見其自述以為榮，其可謂無廉恥者矣！」然而，在那個頻繁改朝換代的時代裡，馮道能以「方寸無諸惡」為前提而預判決斷，這份練達，這等見識，也難怪「當世之士無賢愚皆仰道為元老，而喜為之稱譽。」所以司馬光在《資治通鑑》中做了一個評價：「臨難不赴，遇事依違兩可，無所操決，唯以圓滑應付為能事。」一語道破馮道成為五朝元老的原因。

自保之道③　反客為主，營造有利局勢

同樣是三朝元老，西漢霍光[45]採取的方法，與張廷玉和馮道完全不一樣，他是主動出擊，為自己創造有利局勢。霍光是霍去病同父異母的弟弟，入宮時，霍去病就為他謀了郎官的職位。郎官在宮內多達千人，雖然看起來不起眼，卻有機會接近皇帝，後來霍

光因此成為漢武帝近侍。由於他做人沉靜謹慎，行事精細周密，極得漢武帝信任。

有一件事情可以看出他做事精細的程度，有人偷偷注意他的行止，發現他每一次進出宮殿，腳步的起始點都在同一個位置，如果不是他行事超級規律，就是他每一次都刻意小心。正因為霍光跟在漢武帝身邊不曾有過疏漏，所以漢武帝任命霍光為顧命大臣之一。

武帝死後，昭帝即位，霍光與車騎將軍金日磾、左將軍上官桀等人共同輔政，後來金日磾病死，霍光施展手腕，將權力漸漸集中到自己手中，上官桀不滿，鋌而走險想發動政變，卻被霍光發現而一舉誅滅，從此霍光成為朝政實際的決策者。霍光為了保有優勢，除了讓自己六歲的外甥女嫁給僅十二歲的漢昭帝，還限制後宮妃嬪不准侍奉皇帝，目的就是要讓外甥女先有子嗣。

等到漢昭帝過世，他又操縱皇帝廢立，在短短二十七天內先立後廢劉賀，再立長於

---

45 霍光：名將霍去病異母弟，先後任郎官、曹官、侍中、奉車都尉、光祿大夫、大司馬、大將軍等職位，歷經漢武帝、漢昭帝、漢宣帝三朝，攝政期間廢立昌邑王，宣帝二年去世，過世後第二年霍家因謀反被族誅。

民間的劉病已為漢宣帝，接著還想把自己女兒霍成君嫁給宣帝，以鞏固自己三朝元老的地位。儘管司馬光在《資治通鑑》寫道：「夫威福者，人君之器也。人臣執之，久而不歸，鮮不及矣。」就是以霍光為例，批評他功名盛滿而不思退，終致全家禍滅，但也不可否認，霍光確實是為昭宣中興時期秉政時間最長的執政者。

從歷史看權力更迭，少說話、識時務，營造局勢都能讓自己在職位上多幾分保障，但「勤敏任事，恪盡職守」八個大字永遠是受重用的不二良方，即便一時遭受遣調，但外派可以當作歷練，又有誰知道你不會因為這份歷練，而在日後有更長足的發展呢？

主管換人時的自保之道

自保之道①　萬言萬當，不如一默

自保之道②　唯以圓滑應付為能事

自保之道③　反客為主，營造有利局勢

職場上能夠遇到賞識自己的主管是一件幸運的事，但主管也有自己的際遇，萬一被升遷或貶抑調離現有位置，換上另一個人當你的頂頭上司時，能否繼續被賞識可就不一定了。好一點的情況，新主管會接受前主管的提示肯定你，繼續重用你，但更多時候是他會重新建立自己的班底，而把舊臣邊緣化。遇到這種情形，真的會欲哭無淚，到底該怎麼辦呢？以過去三朝元老的自保之道為借鏡，少言、圓滑、求表現，在新主管面前也能繼續保有自己的優勢。

有效溝通的攻心說話術

客户不聽你說話，對老闆提出建議只是討罵？屈原與漁父的問答告訴你，如何以裝傻、超然、同理、釋權的高明溝通，對頑固者不著痕跡的提出勸諫。

在職場上，自許為忠君愛國的屈原可說是經典案例。他有才華，也受重用，年紀輕輕便當上左徒與三閭大夫，成為核心幕僚，可是正因為少年得志，恃才傲物，看不起那些貴族，於是修法時與既得利益者正面槓上，而後遭讒言罷黜。儘管屈原投身汨羅江讓後人寄予無限同情，但若放在職場上來看，他就是個能力很好，但一意孤行的頑固之人。如果你的客戶、老闆和屈原一樣，本身能力很好，但卻聽不進有建設性的建議，恐怕雙方很難有效溝通，如何讓客戶、老闆聽你的？江邊漁父的智慧，你得好好體會。

《楚辭》中記載屈原遭到放逐之後，臉色憔悴、身軀消瘦，在沼澤旁邊走邊吟唱。他始終不明白，自己一片忠誠為何卻遭到貶抑！而江畔漁父看到他的第一句話是這麼說的：「您不是三閭大夫嗎？為何變成這等模樣？」屈原回答：「舉世皆濁我獨清，眾人皆醉我獨醒，是以見放。」意思是，世上的人都混濁不堪，只有我一人乾乾淨淨；大家都喝醉了，只有我一人還醒著，因此被排擠流放了。

攻心術① 以旁觀者身分卸下當局者心防

屈原的回答理所當然，他說出自己心中的疑惑，也把自以為被放逐的原因一語道破。然而，漁父的問話卻很不尋常。首先，能認識政府機關中的高層核心幕僚，卻又非親非故，並非官場中人，這代表這名漁父若不是一度身在官場中，就是一直偷偷關心官場局勢。既是對官場內的明爭暗鬥了然於心，就代表他很清楚屈原的糾結，自然可以揣摩出屈原會怎麼回答。也就是說，漁父是在明知屈原答案是什麼的情況下，提出這個設問，而設問的目的為何？無非就是裝傻，假扮一無所知的旁觀者提問，卸下對方心防。

在向客戶或老闆正式提案之前，不要只是接獲指令就開始進行，最好先虛心求教，讓對方說得越多，你才能擬定一個越符合對方需求的提案來說服他。漁父也明白這個道理，所以第一時間他以看似一無所知的旁觀者身分提問，這是為了要鬆懈屈原的戒心。倘若屈原一來，漁父就對他說：「三閭大夫，我認識你，有幾句話想給你一點忠告……。」這樣反而會達不到效果，無法讓他把勸告屈原的諍言好好道出。

在工作上，無論是內外提案或是商業談判，在沒有了解對方需求，及卸除對方心防之前就直接溝通，對方很可能聽不進去你提出的建議，所以漁父假裝是一位什麼都不知道的旁觀者，有效鬆懈屈原的警覺，坦承講出真實的情況，也等於開啟雙方有效溝通的第一步。

攻心術②　樹立超然態度，同理對方立場

在得到屈原的答案之後，漁父好整以暇的說道：「聖人不凝滯於物，而能與世推

移。」意思是聖人不會受限於任何事物，能夠隨著世俗而進退轉移。這句話是先拿聖人來背書，這種情況也經常用在職場上，在斡旋談判時，往往都不是先說我自己的想法如何如何，而是拿出一個商場上的經典做法來說服對方，同時也顯示出自己的提議是超然中立，有前例可循。

拿聖人來背書之後，漁父開始站在對方的立場去解析，他是這麼說的：「世人皆濁，何不淈其泥而揚其波？眾人皆醉，何不餔其糟而歠其釃？」意思是，既然世上的人都混濁，您為什麼不也順勢翻攪水底汙泥，掀起水面波浪？既然大家都喝醉了，您為什麼不也吃些酒糟，喝點薄酒呢？這樣的說法有一個重要的作用，就是讓對方覺得他的立場被你理解。如果對方覺得「你懂」，自然也會比較聽得進去你接下來的說法。

漁父真正要問的是接下來的這一句話：「何故深思高舉，自令放為？」這句話是說，屈原幹麼要表現出清高的思想、行為，害得自己被放逐呢？漁父點出這一點，就是要讓屈原進一步承認自己的錯，要屈原認錯有什麼好處呢？以屈原所處情況來看，他肯認錯，做法才能有所調整，才不會如此恃才傲物。就工作上的談判來看，對方肯承認有問題，才有進一步斡旋或談判的空間，若是雙方各自堅持立場據理力爭，就會形成各說各話的局面，事情當然不會有所寸進。

攻心術③　將最終決定權交給對方，留有餘地

屈原不是個笨蛋，聽到這裡，他也明白漁父是要自己在信念上讓步。當此之時，屈原有兩種做法，一是承認錯誤，想辦法調整自己的做法；二是堅持自己沒錯，寧願讓事情破局，沒有任何轉圜餘地。不幸的，屈原選了後者。他是這麼回答的：「吾聞之，新沐者必彈冠，新浴者必振衣；安能以身之察察，受物之汶汶者乎？寧赴湘流，葬於江魚之腹中，安能以皓皓之白，而蒙世俗之塵埃乎！」

這段話的意思是，我聽別人說，剛洗過頭，要先彈掉帽子上的灰塵；剛洗過澡，要先抖掉衣服上的灰塵。怎能讓乾乾淨淨的身體，去接觸那些骯髒的東西呢？我寧願跳進湘江的水裡，葬身於魚腹之中；怎麼能讓我光潔的清白之身，去蒙受世俗塵埃的汙染。從這番話裡，我們可以清楚看出，屈原堅持個人的清白榮辱，也不願圓融處事，寧可以自身生命作為堅持的代價。

在職場上，可視為屈原對於個人去留毫不戀棧，來顯示自己堅決不妥協的決心，我們當然也可以清楚看出，楚懷王為什麼不愛用這種人。在職場上，如果你自己都不要、不在乎這個位置了，那你的老闆又怎麼會在乎？無論是以自身生命或個人去留作為代價，結果都是一拍兩瞪眼，沒得挽回。

漁父也清楚，屈原此言是表示堅不妥協的執拗，恐怕再說下去也只是流於爭執。他不再與屈原爭辯，只是微笑拍船舷，歌詠而去。歌詞中仍苦口婆心說出最後的提點：「滄浪之水清兮，可以濯吾纓；滄浪之水濁兮，可以濯吾足。」意思是滄浪河的水清，可以用來洗我的帽帶；滄浪河的水濁，可以用來洗我的腳。意喻無論外在環境水清或水濁，人生總有應對之道。

漁父的做法是把最終抉擇的權力交給對方，也是在局勢無可挽回前的一搏，試圖以此讓屈原意動。儘管漁父施展出這最後一擊，仍沒有讓屈原回心轉意，但在談判或提案上，卻不失為險中求生、翻轉局勢的最後殺手鐧。對一般人來說，在談判過程中，當對方把最終決定權交給自己的時候，反而會讓自己駐足深思；既然權力操之在我，就容不得有錯誤的空間，一旦錯誤，就代表我要承擔所有後果，如此當然會戒慎以待，這也是漁父的目的。

我從大學時讀到〈漁父〉這一篇，就非常的著迷，常私下揣摩漁父隱而未發的信念，尤其是「聖人不凝滯於物，而能與世推移」與「滄浪之水清兮，可以濯吾纓；滄浪之水濁兮，可以濯吾足」這兩句，常常成為我在人生或職場上調整身段的準則。我們也許做不到漁父勸戒屈原時的練達與智慧，但至少我們可以做到漁父所說的圓融與應世，如果能以漁父的信念作為標竿，相信不只在職場，在人際關係與人生觀上，也一定能有更多的圓轉自如。

職場談判攻心術

攻心術①　以旁觀者身分卸下當局者心防

攻心術②　樹立超然態度，同理對方立場

攻心術③　將最終決定權交給對方，留有餘地

溝通、談判不僅是藝術，更是融入職場的必備條件。職場上有種人，做事認真卻處處碰壁，原因常出在他個性直率，無意中得罪別人，偏偏這類因無心之言所產生的隔閡是最難消弭的，因為這沒有所謂的對錯，而是牽涉到主觀的個人感受，無法搬出檯面來討論，因此練就一套攻心為上的說話技巧，在人際應對上至為重要。

若以向上管理的角度來看，好老闆其實很喜歡聽到和他不一樣的看法，前提是，你必須舉出具體的執行方針，否則你不同的見解聽在老闆耳裡就只是抱怨而已。要如何和老闆溝通你的反對意見？不帶私人情緒，冷靜而沉著的表達你是以這份提案的效益為優先，提供充足的證據，就可以讓老闆懂得你是為公司著想而非抱怨！

看似一無所知的漁父，以超然、同理的方式，不著痕跡的對頑固的屈原提出勸諫，在局面無可挽回之際，把最終抉擇的權力交給對方，這也是一種溝通技巧，一種應世之道。以屈原的執拗為戒，以漁父的智慧為例，如果真的在工作上，當你提了好幾次建議卻不被採納之時，那就把最終決定權交還給主管、老闆或客戶吧！

柔性的力量，化歧視為優勢

突破性別天花板限制，縱橫商場的女企業家自古就有。看先秦女首富巴清，如何在男尊女卑的社會中，翻轉自身地位，甚至連秦始皇都得敬重她三分。

即使現代職場，已設置性別平等的法律條文，也依然有「玻璃天花板效應」，也就是針對職場女性設置一些特定條件，讓她們在晉升組織高層時遇到障礙。「玻璃天花板效應」首見於西元一九八六年的《華爾街日報》專欄中，但其實自古以來這類現象屢見不鮮，尤其是封建社會的男尊女卑，更以禮教為由，為女性發展設下種種限制。

然而，性別天花板的限制，並不能阻止出類拔萃的女性嶄露頭角，在歷史上，春秋戰國時期，就有一個以寡婦之身累積巨大財富而名留青史的女人，那就是巴寡婦清。很多人都以為「巴」是她的姓氏，其實《史記集解》中說得很清楚：「巴，寡婦之邑。」說明了「巴」是地屬巴郡，根據司馬遷《史記》記載，這個叫作清的女人因經營丹砂致富，在丈夫死後仍能守其家業，名聲大到連統一天下的秦始皇都知道，秦始皇特地請她作客入宮，還表揚她的貞節而興建「女懷清台」，這固然是莫大的榮譽，但令我們好奇的是，巴寡婦清究竟有何能耐，能將生意做到富甲一方呢？

突破①　建立聲明，翻轉自身地位

巴清之所以能以丹砂致富，其實是仰賴夫家而來，也就是說，最初掌握提煉丹砂技術的並不是她，所以巴清一開始只是一個不問世事的大少奶奶，然而，在她丈夫過世又後繼無人之時，她接下了這個家業。

以女主人的身分來接手，現在看來沒什麼不對，不過秦漢時期的女性，在經歷周朝以周禮建立父權社會後，地位一落千丈，像是在秦始皇昭告天下的刻石中，就曾提及：

「男女禮順，慎遵職事，昭隔內外，靡不清靜。」〈泰山刻石〉從這裡就可以明白，秦代女性已經完全被限制在家庭之中了，在這樣的情況下，她要取得眾人的認同，還要穩定家業，談何容易？但是巴清還是做到了，而她首先進行的第一步，是表明自己絕不改嫁。

別看這小小的聲明，當時女性作為家庭附屬，就算自己不想改嫁，也很難抵得過家人或輿論要求，就算是貴如皇親國戚，也一樣改嫁成風，所以聲明要當寡婦這一點，就已經宣告她不走一般世俗女子的路線，也正因為有這份決心，她才能以外姓女子的身分繼承夫家煉製丹砂的不傳之祕；而在這份聲明之後，她虛心領教，從頭學起，如果當時巴清事不關己，一任原本規模照本宣科的話，那也不能有所突破，正因為她接手之後認真學習丹砂製作及經營的相關技術，才取得眾人認同，同心協力把家業做大。

巴清將原本是寡婦的尷尬身分轉換成為安定人心的利器，而她的虛心學習又凝聚眾人群策群力，這一聲明，很顯然是她翻轉自身地位重要的第一步。

突破② 建立雙贏，創造有利條件

當時要女性走出閨閣已是很不容易，但如果只有如此，也不過是持家有道、經營有方而已，那巴清是如何讓丹砂事業擴展到全國，甚至躋身秦國巨富呢？首先，她以「雙贏」為原則經營家族事業。在《史記．貨殖列傳》中提到，她「用財自衛，不見侵犯」；在清代《長壽縣誌》中也提到，她擁有的僕人上千，私人保鑣上萬。如果從秦時枳縣人口不足五萬來計，那麼在她手底下，至少就有五分之一當地百姓為她效命，但這還只是奴僕和保鑣而已，以開採丹砂事業來看，她所雇用的工人則遠遠不止於此。

巴清憑什麼讓這些人替她賣命？除了衣食溫飽之外，就是提供安全保障。所以她固然為了私人護衛隊所費不貲，但此舉不僅維護了丹砂事業，也保障了人們在亂世的人身安全，讓這些人當然能在衣食與安全雙重保障下戮力以赴。

其次，巴清也展示了自己對國家有利而無害的「雙贏」策略。原來，巴蜀位於秦、楚交界，除了戰略地位重要，也因地處偏遠，盜賊成風，所以秦國歷代君王都允許此地的豪門世家擁有私人武裝，但這個武力大到一定的地步，難保不會對國家產生威脅。巴清以女性及寡婦的身分，來表明自己毫無野心，同時又對秦國展現無比的忠心，來證明自己絕無二心。在她表明心志後，秦始皇特別禮遇巴寡婦清，讓她以平民百姓的身分入宮，這個動作，其實就是向天下宣示嘉勉巴清的所作所為。

於是，巴清為了擴展家業建立私人武力，表面上是在開採之外多花了一份不必要的開支，但這份開支反而為她創造更多有利的條件，甚至在穩固家業及國家發展上，都創造了雙贏，這等成果，無疑顯示了巴清過人的眼光。

突破③ 懂得讓利，才能將本求利

許多人都以為，秦始皇要巴清進宮是看中她的美貌，不過，根據漢墓出土的《王杖詔書令》簡冊條文載明：「女子年六十以上毋子男，為寡。」也就是說，巴清在見到秦始皇時不僅已經六十歲以上，而且確定沒有親生子嗣。而秦始皇此時的接見目的也不單純，除了敬重巴清一生的貞節，也覬覦她獨門的丹砂事業，因為丹砂不僅是當時煉製長生不老藥的重要原料，所提煉出來的水銀，也是秦始皇陵墓防盜、防腐的重要材料。

此時的巴清面臨了兩個選擇，要不就是乖乖接受，要不就是悍然反對，聰明的巴清當然不會想與統一六國的秦始皇相抗衡，但既然提煉丹砂的技術是祕傳，巴清當然能陽奉陰違，或技術性拖延，不過巴清很顯然沒這麼做，她深深明白「讓利」的重要性。只要願意無條件提供秦始皇丹砂，自己這獨門祕術就沒有外流的危險；同時，也能以國家作為護身符，將原本用來維護安全的成本支出，拿來轉為生產成本；而更重要的是，堂堂一國之君既然表揚自己，也等於是為獨家生意背書，不愁有其他競爭者出現，如此作為基礎的家業當然穩如泰山。所以，巴清這看似無條件的讓利，不僅沒有自傷，反而將本求利，創造了無往不利的優勢。

除了秦朝巴清之外，清末女首富周瑩的經營心法，也與巴清有驚人的相似，也同樣都是以寡婦的身分扭轉自身地位，同樣善待員工創造雙贏，而且最後都能讓利於國，不僅博得了名聲，也穩固了家業。我們可以大膽推測，周瑩在面對困境、發展事業的過程中，很可能也參考了先秦時代巴清的做法。如此看來，巴清立下的經典，不僅給後世女性做了很好的表率，也給現代女性在面對職場困境時，有更多的借鏡與啟發。

化歧視為優勢

突破①　建立聲明，翻轉自身地位
突破②　建立雙贏，創造有利條件
突破③　懂得讓利，才能將本求利

現在縱橫商場的大多是男性，這也讓我們有種錯覺，只有男性才能功成名就。事實上，成功與否端賴經營者的特質，足以縱橫商場的女企業家自古就有，如果在職場上還心存「女性是弱者」的成見，恐怕就輕看了女性經營管理的能力了。秦始皇時代最有名的女富商巴清就是一例，來看看她如何能在男尊女卑的社會中，以一名寡婦擁有富可敵國的財富，甚至贏得秦始皇的敬重，留名青史。

御人

老子說：「知人者智，自知者明。」自知之明能幫助你上位，但上位後沒有知人御人的智慧，就無法統御團隊，這就是古代皇帝必學的「帝王術」。

帝王術指的是在「必要分權」上「集權統治」的方法，分權來源有二，一是自上而下，皇帝治理天下，無法事必躬親，需要依賴文臣武將分權執行，部將的權力越大就有可能威脅到皇帝；二是自下而上，皇帝做得不好，自然會有人想自立門戶。所謂統御就是要以制衡、分化、掌控等不同方式，令分權者無法威脅到上位者。

像是扶不起的阿斗，用「裝笨」制衡神機妙算的諸葛亮；垂簾聽政的秦宣太后，用「出爾反爾」分化、掌控，最後除掉義渠這個心腹大患。這回我們要看看歷史上將相帝王的領導與謀略，如何讓部屬服服貼貼，成就霸業。

領導風格
決定團隊效率

不同風格的領導人，決定人才聚集的類型。從曹操與劉備看，權謀型領導人，人才易聚但難以忠誠；仁德型領導人，誠信服人但易錯失先機。

商場上的攻城略地，一如戰場攻佔殺伐，除了主帥的鬥智鬥力，最重要的就是底下人才的多寡。然而，老闆的領導風格，卻會影響人才的聚集，因為什麼樣的老闆，就會聚集什麼樣的人才，所以身為人才的你，固然要釐清選擇什麼樣的「明主」；老闆本身，也要清楚自己該樹立什麼樣的領導風格，以吸引何種人才。

我們都知道，三國時代的曹操重權謀，他曾邀劉備煮酒論英雄，說：「天下英雄，唯使君與操耳。」據說劉備一聽這話嚇得驚惶失措，趁著打雷躲在桌子底下示弱。當時已經名重一時的曹操，為何會對名不見經傳的劉備有如此高的評價呢？那是因為曹操有識人之能，早已看出劉備的領導風格與自己截然不同，劉備能做到曹操自己做不到的，而且偏偏又能形成威脅。什麼是曹操做不到而又備感威脅的呢？就是劉備「重仁德」的領導風格。事實上，權謀與仁德，確實也成為當時人才投靠時的兩大選擇，然而，在商場如戰場的局勢之中，兩種風格到底哪種比較佔優勢？

權 謀型領導人，人才易聚但難以忠誠

許多人都以為權謀者就是重心機，其實並不然。在歷史上，所謂的「權謀」，是隨時因應變局來通權達變、施展謀略，這樣的老闆看起來沒有節操、沒有原則，做事方式也時時在變。其實，這類老闆有個萬變不離其宗的中心思想，那就是「利」，利之所趨，無所不用其極，因此這類老闆通常能想出別人想不到的奇招，搶人家搶不到的地盤，先一步攻城掠地，立穩根基，是適者能生存的最佳代表。

三國時代的曹操便是如此，年少的他不為世人所知，是他強逼許劭品評，才得到「治世之能臣、亂世之奸雄」的評價，自此逐漸為世人所知。董卓之亂後，他散盡家財回到家鄉招募鄉勇，兗州士族鼎力相助，開始有本錢與天下英豪爭雄，此時的他看出，人微言輕的自己要坐大勢力，最快的方法就是做出成績，所以官渡之戰前他採取的是「奉天子以令不臣」的方式，招攬願意效忠漢室的人才，可是打贏官渡之戰後，隨即改為「挾天子以令諸侯」，以此優勢吸收更多具有野心的人才。

他還用了一個別人不敢用的絕招，就是「求賢令」：只要是人才，有治國用兵之術，就算是不仁不孝，也將會重用。這樣的唯才是舉，不僅使各方人才蜂擁而至，也大大增加人才的多元性，吸納不同人才加以運用與組合，也是曹操迅速壯大的原因，事實上，截至曹操過世為止，曹魏陣營的人才，在群雄中始終首屈一指。然而，權謀也是一種雙面刃，吸收到的人才通常也多投機之徒，這類的下屬忠誠度相對較低，使權謀老闆不得不相應產生猜疑，猜疑的結果不是老闆殺雞儆猴，就是下屬離心離德，寒心走人。

曹操一路走來，打敗不少人，許多人才如張遼、徐晃、張郃、王脩、華歆、王朗等大將名士，都是從打敗的對手那邊取得，不少都還賦予重任，稱得上是「用人不疑」，然而，這些人各具機心，當曹操不夠善待或不小心誤觸他們地雷時，難免有人背叛，像是曹操殺了邊讓等名士，讓心腹陳宮極度不滿，拉著張邈、呂布及整個兗州反抗曹操，逼得曹操不得不殺了陳宮。另外，同為漢臣的荀彧，也因為反對曹操進魏公，被曹操送一個空飯盒，示意他該死，荀彧因此自盡身亡（一說抑鬱而終）。

因為廣開人才之門，手下的忠誠度不足，才使曹操不得不揹著猜忌的罵名以自保。曹操真的善猜疑嗎？我想如果曹操可以選擇，一定寧願自己留下「仁厚」的美名，因此，領導風格重權謀，固然能先一步立穩根基，但隨之而來的副作用，也是重權謀領導者不得不面對的重要課題。

㊇ 仁德型領導人，誠信服人但易錯失先機

我們知道，老闆帶人要帶心，而帶心最好的方式，是以誠信服人，因為對下屬推心置腹，下屬才有歸屬感，從而願意殫精竭慮，不留餘地。仁德的領導風格並非不懂權謀，而是在權衡利害時會以情義優先，雖然不免感情用事，但卻能讓下屬真正傾心；也因為不以成敗為判斷標準，所以能吸引真正忠誠的人才，而且可長可久。這種領導人帶

領的團隊雖在初期未必有多大成效，卻能產生群聚效應，讓更多志同道合的人加入，當這樣的團隊經過不斷磨合，就能形成牢不可破的班底，以小搏大，而且後勢看漲。

三國時代的劉備便具備這樣的領導風格，《三國志》作者陳壽評價說：「先主之弘毅寬厚，知人待士，蓋有高祖之風，機權幹略則不及魏武。」由此可知，劉備知人待士的仁厚，確實為他招攬到不會見風轉舵的堅實班底；劉備的謀略並非真的不如曹操，只是他以「帶心」為最高行動準則，多少會影響權衡利害的實質戰果。像是《三國志》記載，建安十三年，曹操率兵征討荊州，劉琮不戰而降，劉備聽從諸葛亮的建議之後撤退，但近十萬百姓要求一起隨軍過江，劉備不忍心抛下百姓，導致大軍撤退緩慢，當時諸葛亮不止一次上報說必須抛下百姓，否則必將被曹軍追擊，但劉備怎樣也不肯放棄，於是在長坂坡一役損傷慘重，許多百姓也無辜送命。

許多人不了解劉備的做法，將劉備「攜民渡江」解讀為戰略上的人口資源考量，以此吸引敵軍注意及保存真正實力，但這些都不足以解釋他甘冒風險的原因，因為一旦不能保住性命，什麼圖謀也都成空。劉備對自己這個作為是這麼解釋的：「夫濟大事必以人為本，今人歸吾，吾何忍棄去。」看起來彷彿只是婦人之仁的強辯，其實裡頭透析出劉備內心真正的考量。

劉備清楚自己的優勢只有仁厚得來的「人和」，如果拋下這個優勢，他失去的不只是民心，還有過去同甘苦共患難的班底，以及各方聞風而來的人才，所以他不惜以身犯險，也不肯拋下百姓。事實上，此舉確實為他帶來莫大的後續利益，不僅穩住荊州及四川的民心，還能據險與曹操一較長短，倘若不是後來劉備陣營人才凋零得早，曹魏是否能如此順利取得天下還是個未知數。只是，這樣的做法也容易失去先機，因為著眼的是穩住人心之後更長遠的利益，勢必將眼前的戰果拱手讓人，但如果能夠熬過誠信服人的過渡階段，磨合後的團隊將爆發出非凡戰力，長遠的利益絕對比一時的戰果要多更多。

這兩種截然不同的領導風格沒有高下之分，各有不同優缺點，或許有人會問是否可以兼顧？恐怕不容易，因為這是從老闆的個人特質衍生而來，勉強改變只會變成四不像。像是曹操，他也並非不在乎名聲，他曾因擔心殺了無禮的禰衡會「阻四海之士來歸之心」，將禰衡推給劉表，但面對屢屢看透他心意的楊修，狠心痛下殺手。劉備也有許多舉措被認為權謀，像是他曾拉著諸葛亮的手說「彼可取而代之」[46]，這話就讓人覺得是為了框住諸葛亮特意所說，民初大文豪魯迅也曾批評說：「劉備似之長厚而似偽。」

這兩個例子，都代表曹操和劉備兩人，都曾意識到自己的缺點而改變做法，但效果不彰而依舊其故，因此，老闆在塑造領導風格時，重要的不是如何彌補隨之而來的缺點，而是想辦法盡力發揮原有領導風格的特點，使得瑕不掩瑜，如此才能在既有格局中再做突破，得到超乎預期的成果。

兩種領導風格的後續影響

權謀型領導人，人才易聚但難以忠誠
仁德型領導人，誠信服人但易錯失先機

不可諱言，對一家公司而言，領導風格是否凝聚人心，將會決定團隊的戰力，聚集的人才越多，越能克敵致勝。只不過，不同類型的領導風格，也決定了人才聚集的類型。一般而言，重權謀者收效快但不易持久，但仁德者則反之，短時間看不出成效，但時間越久越能發揮長處，哪一種比較好呢？許多人都明白，曹操的權謀領導更適合現代，尤其在這個瞬息萬變的時代，如果領導者真能隨時因應時局來通權達變、施展謀略，恐怕才是能夠帶領公司生存的最適人選，因此過去也許認同仁德型君主，但來到現代，或許我們對權謀型領導人也要有新的看法和解讀。當然，能調和兩者「恩威並重」是最好不過了，如果力有未逮，把自己擅長的風格發揮到極致，讓優點掩蓋缺點，也不失為一種上乘的管理心法。

46 彼可取而代之：劉備於白帝城託孤時對諸葛亮所說，勉勵諸葛亮可以取代兒子劉禪。正面解讀，劉備寬宏大度堪比堯舜，傳賢不傳子。但也有人認為，這是劉備在給諸葛亮下套，說這句話是要看諸葛亮的反應，以做後續安排，從劉備後來安排李嚴「共同」託孤，也能看出這裡面的一些玄機。

別用自己的完美主義綁架別人

你做得到，不代表別人都做得到。義薄雲天的關羽告訴你完美主義者，可以嚴以律己，但不應該推己及人；累積民怨的結果將是離心離德、孤立無援。

在職場上，常會見到某些中階主管嚴以律己，在崗位上恪盡職守，御下甚嚴，而且自己也總是以身作則，身先士卒。這樣的人因為在工作成績上屢有斬獲而一路晉升，但與此相對的是，他們也常會在關鍵時刻遭到部屬背叛。三國時代的關羽，就是一個活生生、血淋淋的案例。

關羽投靠劉備之後，成為劉備的左右手，他忠義武勇，建立不少汗馬功勞，雖曾一度為曹操所擄，但關羽卻不改其志；當曹操以高官厚祿相誘，關羽依舊不為所動，使得他成為義薄雲天的代表，後世崇敬不已，甚至尊為「武聖」。然而回顧他的一生，卻發現關羽令人景仰的忠義來自嚴以律己，最後的失敗也是他完美主義所造成的後果，怎麼說呢？

後果①　驕矜自傲，失去容人雅量

在職場上能夠自律，代表自我要求高；事情做得好，當然也能帶來自信，但危險性是容易不斷膨脹自己，從而變得驕傲自大、目空一切。

關羽在戰場上罕逢敵手，這是他自我要求，千錘百鍊而來，這份自信讓他對自己的膽識和才能深信不疑，甚至到了高傲自負的地步。像是早年跟隨劉表的老將黃忠[47]，後來

47黃忠：本為漢末群雄劉表部下中郎將，後成為劉備部將。陳壽《三國志》將黃忠與關羽、張飛、馬超、趙雲五人合為一傳；是為《關張馬黃趙傳》。

降於劉備麾下，在定軍山之戰中，斬殺曹操大將夏侯淵於千軍萬馬之中，劉備想封他為後將軍，與關羽並列。當時諸葛亮勸諫說：「黃忠的名望一向比不上關羽和馬超，這一封賞，馬超和張飛親眼見到他的勇猛，也許還可以接受，但人在遠方的關羽，肯定是無法接受的。」但劉備顧惜人才，仍堅持提拔黃忠為後將軍，關羽為前將軍。果不其然，關羽一聽此事憤怒的說：「大丈夫終不與老兵同列！」關羽看不起黃忠，這份自負雖其來有自，卻讓他失去容人的胸襟與雅量。

當時被劉備派去授官的費詩看到關羽氣呼呼的樣子，靈機一動勸關羽說：「將軍與主公有結義之恩，如同一體，福禍同享，何須計較官號之高下，爵祿之多寡呢？」這話讓關羽意識到自己的錯誤，從而拜受前將軍。但也由此看出關羽連自己人都看不起，又怎麼服眾？

後果②　輕看對手，招致大意失荊州

自我要求高的人通常會把困難視為挑戰，因此能夠勝任極為艱難的任務，但也容易因屢戰屢勝而輕看對手，關羽也曾犯下這樣的錯誤。

諸葛亮曾經把防守荊州的重任交給他，荊州，西通益州，南達江陵，北通襄陽，是四通八達的交通隘口，自古以來就是兵家必爭之地，尤其是對偏於一隅的蜀漢來說，荊州更是進出樞紐，絲毫大意不得。當時諸葛亮唯恐失去荊州，特別委由關羽鎮守，不僅制定了「北拒曹操，東和孫權」的方針，還派通曉荊州形勢的文官武將從旁協助，照理來說應該萬無一失，可是荊州還是在關羽手中失去了，關鍵就在於他高估自己的能力，輕看了對手。

當時關羽率軍進攻荊州北方的樊城，曹操派左將軍于禁進行援救，適逢大雨，于禁大軍被暴雨淹沒，不得已向關羽投降。這一告捷，關羽認為曹營援軍既然已經投降，樊城必然唾手可得。所以他沒有集中兵力猛力攻下樊城，反而是分兵南下另行包圍襄陽。這一分兵，使得原本就不雄厚的兵力更形單薄，結果樊城既沒有投降，襄陽也沒有打下。關羽高估自身的兵力，輕看了對手，反而讓絕對不能失去的荊州，暴露於被東吳偷襲的危險，原本關羽一石二鳥的如意算盤，變成了三頭空。

後果③ 不懂寬以待人，部屬離心離德

我們總說「嚴以律己，寬以待人」，但這點其實極難做到，原因是當自己因自律甚嚴而達成任務時，通常也會「推己及人」，覺得別人也應如是，所以在職場上，對自己要求甚嚴的主管，對屬下的要求也相對苛刻，苛刻到一定的程度，就會讓屬下心生不滿。

關羽兵分兩路進攻襄樊，留守荊州最重要的便是麋芳和士仁兩人，但關羽和兩人的關係卻很糟糕。根據《三國志．關羽傳》記載：「南郡太守麋芳在江陵，將軍士仁屯公安，素皆嫌羽輕己。」也就是說，關羽平時就很看不起這兩名部下，既是瞧不起，就不該在關鍵時刻委以重任，可是關羽也沒有更好的人才可用，因此進攻樊城時，不僅把荊州大本營交給兩人，也把運送軍用物資的重責大任交付給他們，兩人有時不慎因情勢危急，誤了日期，關羽就會大發雷霆，揚言回來一定重重治罪，你說這兩人怎麼會不惶恐？又有一次，南郡失火，不少軍備付之一炬，關羽不問原由就先責怪麋芳，讓麋芳更是疑懼不安。

就關羽的立場來說「軍令如山」，無論任何原因，就是要使命必達。但他自己做得

到，並不代表每一個人都能完全做到，一旦做不到，就得被關羽治重罪，毫無轉圜餘地，如此自然無法得人心。果不其然，當孫權派呂蒙率軍偷襲荊州時，糜芳和士仁兩人先後叛變投降，這固然是東吳誘之以利，但如果不是關羽威多恩少，不懂得寬以待人，兩人又怎會投降得如此輕易？

在職場上，身為主管，本來就要有寬闊的胸襟、容人的氣度，拿要求自己的標準去要求別人，只有讓部屬覺得不通人情，離心離德。關羽大意失荊州，不得已敗走麥城，而後遭伏被擒，終究不降而死。關羽用他的死告訴我們：越是自我要求，越要虛懷若谷；越是恪盡職守，越要步步為營；越是嚴以律己，越要寬以待人。

完美主義的後果

後果①　驕矜自傲，失去容人雅量

後果②　輕看對手，招致大意失荊州

後果③　不懂寬以待人，部屬離心離德

自律甚嚴看起來應該是有百利而無一害，而且因為自我要求高，所以在工作上表現出色，照理說應該會一路晉升，但實際上這種人未必真的能得到相應的回饋。原因是越是嚴以律己的人，越會用同樣的標準去要求他人，失去同理心的結果，是讓這些人因為不近人情而離心離德。此外，這種完美主義者也常常會因為自己優秀的表現高傲自大，在部屬間形成反彈杯葛的力量，所以不想被反噬，就不能落入「嚴以律己也律人」的心態中。

讓部屬服你、挺你的帶心術

新官上任三把火，但要小心燒到自己！從管仲、孟子、吳起身上學，第一次當主管就上手的帶心術，建立威望和影響力，讓部屬乖乖聽話、死忠相挺。

新官上任，最怕的不是不被上級認同，而是被下屬惡整。無論從公司內部晉升或是從外面空降而來的新手主管，通常會想要快速建立威信，但是越心急，越會「呷緊弄破碗」，搞得自己裡外不是人。能夠擔任主管或團隊領導人，大多是工作能力好，但是個人能力好不代表管理能力也強，因為此時你的績效評估已不是自己一個人的做事能力，而是團隊的整體績效。所以擔任主管以後最重要的就是要放下自己，建立帶動團隊正向發展的影響力，該怎麼讓部屬服你挺你，甚至死心跟隨你呢？春秋戰國時代的管仲、孟子、吳起告訴我們三個方法。

方法①　不輕易顯露個人的好惡

管仲輔佐的齊桓公，為了自己的好惡吃盡了苦頭。原來，齊桓公喜歡穿紫色的衣服，傳出去之後變成一種時尚，整個都城的人都穿起紫色的衣服，最誇張的時候，用五匹生絹都換不到一匹紫色的布。齊桓公萬萬沒想到，自己會成為流行教主，但長此下去，紫衣奇貨可居，連他自己也沒得穿，那該怎麼辦？於是他憂慮的對管仲說：「我喜歡穿紫色的衣服，紫色的布料就很貴，如果百姓喜歡穿紫色衣服的風氣不消失，那我將會沒有紫色的衣服可以穿，該怎麼辦？」

齊桓公提問的當時，並沒有意識到自己的行為會影響大眾，只是因此深受其害而想解決這個問題。管仲倒是很清楚問題之所在，他回答說：「您想制止這種情況，不妨試一下不穿紫衣服，只要您對侍從說，我非常厭惡紫色衣服的氣味；有人穿紫衣過來晉見時，你也表現出無比的厭惡，沒多久就可以解決問題了。」齊桓公接受管仲的提議。就從那天起，沒有侍從再穿紫衣，第二天變成城中無人穿紫衣，到第三天，整個國內都沒人再穿紫衣了。

從這個小故事可知，領導人只是簡單的喜歡穿紫衣，就會造成莫大的影響，其好惡勢必也會影響公司的運作。管仲的因勢利導，讓齊桓公看清楚自己身為領導人的影響力，不管是在人事、決策上，都不應該輕易的顯現出私人好惡。一旦察覺個人好惡影響工作氛圍，就要及時改弦易轍，即使立場相反也無妨，因為既要矯枉，就不怕過正。

方法② 有意識的以身作則

如果某些公司文化已經積重難返，新任CEO想改革，那又該怎麼辦呢？戰國時期的孟子，就被問到這樣的難題。滕定公去世後，繼位的滕文公請老師然友拜訪孟子，請教他該如何辦喪事？然友到鄒國見孟子，孟子對他說：「諸侯的喪禮，我沒有學過，不過我聽說夏、商、周三代，從天子到百姓都是服三年喪，而且服喪期間都穿粗麻布的喪服，喝清淡的粥果腹。」

然友回國之後，將孟子之言回報給滕文公，滕文公決定照辦，沒想到宗親皇室和文武百官都不願意，說：「喪禮、祭禮都是依循先祖規定，過去君王沒這麼要求過，到了君主您卻這麼要求，這是違背傳統的。」滕文公不得已，只好派然友再去詢問孟子該怎麼辦。孟子說：「沒錯，這是不能求助於別人的，在上位的人喜歡什麼，下面的人必定更愛好，正所謂風行草偃，這件事，就看君王您自己了。」滕文公聽了這番回覆，倒是一點就通，決定住在喪廬裡。連續五個月後，到了滕定公安葬那天，滕文公也面帶悲戚，語帶哀傷，這情形看在宗室百官眼裡，都覺得滕文公真是知禮，對他的行為很是讚許，一反五個月前抗拒的態度。

沒有錯，改變積弊，就要實行新政。如果遭到反彈，就用以身作則來上行下效，假以時日，不用訴諸律法公文，就能樹立典範，成為眾人行為的標竿，即便當中有人不認同，也不好公然反對。久而久之，就能形成新的企業文化。

方法③　因勢利導，緩解變動的後顧之憂

當然，改變積弊、實行新政，一定會有不適應的過渡期，因為這種變動帶來的往往

是有形或無形的利益受損，譬如說從責任制轉為定時制，員工損失的是上班的彈性時間；從定時制轉為責任制，員工損失的是能夠領取的加班費。在這樣的情況下，即便是公司高層帶頭以身作則，大多數員工也都寧願安於舊模式，以避免變動之後帶來的紛擾不安。

戰國名將吳起也有同樣的困擾，當時他出任魏國河西郡守，這個地方是秦國東進的必經之路，秦國調集了五十萬大軍設立堡壘，準備進犯河西，吳起深知應該要做好萬全之準備，但關鍵是該怎樣讓士兵奮勇殺敵呢？於是，他想到一個方式，就是利用獎勵，他在慶功宴中，讓立上功者坐前排，使用貴重餐具；立次功者坐中排，減少貴重餐具的使用量；無立功者坐後排，不得使用貴重餐具；宴會結束後，則在大門外論功行賞有功者的家屬。此外，死難將士的家屬不僅有豐厚的撫卹，而且每年都派使者慰問。這個方法施行了三年，果然讓將士們都勇於上陣，因為他們明白，即使自己不幸戰死，也不會有後顧之憂。後來秦軍大規模進攻河西，一得知消息，魏國立刻有數萬士兵不待命令就穿起甲冑，要求作戰。

不過，有賞也要有罰，吳起規定，對於搶功冒進而不聽從指揮的人，就算打敗秦軍也算無功。這個規定讓將士不會因貪功而失去理智，整個軍隊即使奮勇殺敵，也能井然有序，聽從指揮，所以後來吳起果然以五萬勇士大破五十萬秦軍，取得輝煌戰果。

要改變公司文化，讓屬下離開舒適圈，勇於開疆闢地，除了誘之以利，還得要免除他的後顧之憂來安定人心，否則光是過渡期所產生的人心惶惶，就足以讓人才另謀他去。儘管過去管仲、孟子、吳起等人，為我們提供有效調整公司文化的方法，但這些都比不上領導人從一開始就意識到自己的影響力，孟子說：「上有所好，下必甚焉。」能深切體認這一點，有意識的要求自己，不因大權在握就以為有豁免權，才是建立團隊正向文化的釜底抽薪之道。

新手主管建立影響力的方法

方法① 不輕易顯露個人的好惡
方法② 有意識的以身作則
方法③ 因勢利導，緩解變動的後顧之憂

當一個企業或團隊生存久了之後，自然會演化出一套生存法則，逐漸形成一種文化，根深柢固，牢不可破。但這些因循苟且的陳腐做法，久而久之卻會形成一種僵滯的工作氛圍，蠶食鯨吞企業或團隊發展的活力與創新能力。

反之，新官上任三把火，多半都是新任領導者意識到僵滯帶來的流毒，想要大刀闊斧推行自己的新政，但常常因為公司內部這種多一事不如少一事的態度而橫生阻礙。本篇告訴你，新任領導者如何建立自己的威望和影響力，讓部屬乖乖聽話，甚至死心塌地跟隨你的方法。

不捅馬蜂窩的改革之道

改革陋習，一定要與舊勢力正面對立嗎？戰國西門豹的故事告訴你，硬幹只會造成慌亂；假意配合，從中發現間隙再擊破，才能真正消除共犯結構。

一家公司或團隊的經營成績有許多要點，其中領導人的決策，絕對是商戰中的重要關鍵，而領導人的決策又取決於個人的行事風格與經驗，好的領導人能提出前瞻性的規劃，為公司力挽狂瀾或攻城掠地。然而，新任領導者要適應原有的企業文化，又要兼顧各種事業體，所下的決策又要能展現出成績，當真是一大挑戰。好在歷史早就給這些領導人足以參考的案例，例如阻止「河伯娶親」而知名的西門豹，我就以他的故事解析身為新任領導者解決問題應有的態度與做法。

做法①　改革陋習，先配合再從間隙擊破

戰國時，魏國鄴縣位在河北，原本應該是富足安康的地方，但此地卻有一個「河伯娶親」的陋習。原來，鄴縣旁邊有一條漳水，經常氾濫成災，當地巫祝假稱是河伯憤怒，每年要送一個美麗的少女坐在船上，自沉水中讓河伯娶親，才能平息洪水。這個陋習沿襲下來，成為百姓痛苦之所在。原來巫祝、長老與官吏聯合起來，以舉辦盛大儀式為理由，向百姓搜刮大筆金錢；而村民為了不讓女兒被河伯娶親，紛紛逃離此地，人口越來越少，連帶使得鄴縣越來越貧困。

西門豹到這裡擔任縣令之後，發現了陋習的背後，其實是巫祝、長老與官吏分別利用自己的職權，所形成的共犯結構，西門豹令原本可以直接下令禁止，但他卻沒有這麼做，身為新上任縣令，他是怎麼解決問題的呢？

西門豹先是不動聲色，在河伯娶親當天到河邊觀看，等新娘到了之後，他假稱不夠漂亮說：「煩大巫嫗為入報河伯，得更求好女，後日送之。」也就是要請代言人巫婆先去通報河伯另挑美女，隨即命人把巫婆丟下河裡，長老和官吏明知道這是送死，但也無法出言阻止。西門豹等了一會兒，藉口巫婆去太久，要趕緊催促，便把她的徒弟一一丟下去，然後等了一會兒，又以女人腳步太慢為由，再把那些長老一一丟下去。

重點是，整個過程西門豹神情肅穆，虔誠以對，旁人根本無法出言阻止，而後西門豹又假裝不耐煩說：「巫嫗，三老不來還，奈之何？」順便看了貪官汙吏一眼，此時這些官吏知道厲害了，「皆叩頭，叩頭且破，額血滿地，色如死灰。」西門豹看了，知道這些人得到教訓了，才放他們一馬。面對共犯結構所形成的企業陋習，西門豹不好直接大刀闊斧硬幹，他採取的是迂迴的方式，先假意配合，從中發現間隙再各個擊破，這麼做的好處是，改革前不會遭到強力反彈，執行時又能有效革除弊病，進一步消除共犯結構，這樣睿智的做法，堪稱是新任領導者改革陋習的經典案例。

做法② 有效資源分配，下放也能有效控管

經過西門豹改革後的鄴縣，民生開始蒸蒸日上，但奇怪的是，縣務的財務報表卻看不出具體的成果，不僅官倉、金庫沒有相應的財貨，連兵器庫裡也沒有儲備的軍械，這就給人抓到把柄，往高層上告。魏文侯[48]親自前往視察，發現情況果然如同舉報一般，於是召見西門豹，要他把事情解釋清楚。

西門豹聽了不慌不忙的說：「我聽說王者使人民富足，霸者使軍容壯盛，只有亡國之君才會使國庫充盈。鄴縣之所以官倉無糧、金庫無銀，兵器庫空空如也，是因為資源都在人民手中，大王若不信，讓我登上城樓擊鼓號令，看看是否會馬上備齊？」魏文侯答應了，於是西門豹登樓擊鼓，兩陣鼓聲之後，百姓不僅披掛上陣，連糧食軍備也都備齊，魏文侯看了之後連忙要西門豹停止演習，但此時西門豹卻對魏文侯說：「當初我把軍備糧食放在民間，就是跟人民約好，一旦號令就必須備齊出征，而今既然已經發出號令，就不能失信於民，我想直接率軍出征攻燕，把失去的土地要回來。」魏文侯不得不答應，西門豹率軍伐燕，果然收回許多失地，立下赫赫戰功。

48魏文侯：魏國百年霸業開創者。魏文侯在戰國七雄中首先實行變法，先後以樂羊、吳起為將，西門豹為鄴令，北門可為酸棗令，翟璜為上卿，改革政治，興修水利，成為戰國初期強國。

西門豹明白，將資源收攏中央，不僅會讓手底下的人做事礙手礙腳，也會影響營運靈活度，於是他將這些資源下放，讓百姓不會困於農時與用度，隨時彈性運用，保留在需要的時候指揮調度這些資源的權力。公司營運也是如此，如果CEO能將人脈、客戶名單、銷售分析等資源下放，又能有效控管，反而能將資源做最有效率的運用。

做法③ 營運方針遭質疑，適度以退為進

西門豹在任時雖然深得民心，但仍不免遭到魏文侯身邊的奸臣散播謠言，因此當年底時西門豹向魏文侯匯報政績，魏文侯一邊點頭稱是，一邊卻命人收回他的官印，西門豹明白自己遭到讒言打壓，擺出低姿態對魏文侯說：「過去我不知該如何治理鄴縣，現在明白了，請大王再給我一次機會，如果再治不好，甘願受死。」魏文侯答應了，於是西門豹再度回任縣令。

來年西門豹一改之前勵精圖治的做法，不僅疏於縣務，還把壓榨人民來的稅收，拿去賄賂魏文侯身邊的奸臣，到了該年底，他再度向魏文侯匯報政績，下滑的報表反而得到魏文侯的讚賞。此時西門豹明白，魏文侯根本不看政績，他只聽別人的評價，於是對

魏文侯說：「以往我替大王認真治理縣務，君王卻想收回官印，而今我多方討好大王身邊的人，大王反而對我大加讚賞，這樣的情形請恕我無法為大王再盡心盡力。」說完把官印交還給魏文侯，轉身就走，魏文侯一聽就明白自己的不是，連忙挽回他說：「過去我對你不了解，現在了解了，請你繼續替我治理鄴縣。」

以現代公司治理來看，朝廷就像是掌握片面資訊的董事會，在對CEO決策不了解的情況下以片面評語卸除他的職務。西門豹明白如果繼續堅持自己的做法，只會讓董事會堅信自己的不是，所以調整方針，執行董事會想要的方向，用以退為進的方式讓董事會明白，自己的決策是著眼於更長遠的未來。其實在現代也有類似案例，那就是在董事會鬥爭失利的賈伯斯，只不過賈伯斯在鬥爭失利之後，沒有隱忍下來爭取認同，而是在一九八五年離開蘋果公司後另外成立NeXT軟體，而後蘋果公司幾經波折買下NeXT軟體，肯定了賈伯斯的前瞻眼光，賈伯斯也在一九九七年回歸蘋果CEO大位，這是不是與西門豹治鄴有異曲同工之妙呢？

古人有云：「將帥無能，累死三軍。」有時固然是將帥真的無能，但也有可能是外界不了解將帥前瞻性的眼光，此時領導者若能有效調整自己做法，適度調整身段，那在治理上將會更容易風行草偃、上行下效。

新任領導者的危機處理能力

做法①　改革陋習，先配合再從間隙擊破

做法②　有效資源分配，下放也能有效控管

做法③　營運方針遭質疑，適度以退為進

一九六〇年代美國公司治理改革創新後，執行長（CEO）的角色開始普及起來，這個位階僅次於董事長，負責執行董事會的經營決策，可以想見這個職務對一家公司的營運來說有多重要。不過，這個職務和過去總經理（GM）不同的是，過去的總經理讓公司穩健成長就算稱職，但執行長這個位置大多被要求立竿見影，若未能快速達到經營要求，很快就會被撤換。

因此，通常坐上CEO的位置，就代表你得身負力挽狂瀾的重任，該如何在瞬息萬變的商場中做一個稱職的CEO呢？兩千多年前就表現出新任領導者應有態度與做法的西門豹，值得作為參考。

出爾反爾的時機與利弊

為何大部分的老闆總是出爾反爾，朝令夕改？從秦宣太后羋月的作為來看，領導者之所以改變決策，是有意識的破壞先前承諾，才能因應局勢得到更大利益。

我們常說，人無信不立，無非是以此警惕自己，要守信用才能得到尊重與信任，為自己的承諾建立分量，這樣的信念對領導者來說尤為重要。「言行一致」，不僅是領導者御下用以立威的基礎，更是建立下屬信賴的方法。

自古帝王都清楚信守諾言的重要性，在司馬光的《資治通鑑》中，就記載了這麼一個守信的故事。戰國時代有個君王叫魏文侯，他和掌管山澤的官吏約好隔天下午去打獵，哪知道時間一到，老天爺卻下起滂沱大雨，剛結束宴會的魏文侯一看怔住了，這雨勢該怎麼出門呢？一旁隨侍的大臣滿心以為魏文侯會終止行程，哪知道魏文侯卻叫手底下的人備馬，大臣問：「大王您喝酒喝得正開心，老天既然下起大雨，就是要大王喝酒暢歡，現在大王又要去哪裡呢？」魏文侯對大臣說：「我和管理山澤的人約好下午去打獵，如今雖然酒喝得正樂，雨勢也下得正大，但我難道就可以因為這兩個理由而不前往嗎？」於是他冒著大雨親自到官吏那裡取消了打獵活動。這樣的以身作則得到了臣民愛戴，也使四方豪傑更樂於為魏文侯所用，於是魏國變得越來越強大。

然而，領導者應該「言行一致」的信條，卻被一個女人打破了，這個女人不是個普通的人物，是史上第一個垂簾聽政的太后，那就是秦宣太后羋月[49]，那我們要問：羋月是做了什麼樣出爾反爾的事情呢？

原來，羋月的兒子嬴稷繼位為秦昭襄王時，年紀尚輕，當時的戎狄義渠王[50]看了，覺得歸附的秦王既是如此年幼，不如由自己取而代之，因此神色之中露出反叛之意。當時秦宣太后一看，自己兒子才剛即位，就要面對這種風雨飄搖的局勢，該怎麼辦才好呢？於是她左思右想，想到一個方法，就是以一國太后的身分向義渠王示好，而義渠王一看美豔的秦宣太后願意「以身相許」，也樂得臣服於她的石榴裙之下，不再反叛，期間兩人感情融洽，生有二子，而秦國也因此無後顧之憂，達三十年之久，而後全力東進，國勢大強。

然而，就在秦國壯大之後，秦宣太后卻開始密謀除掉義渠王，她選了個黃道吉日，邀請義渠王到甘泉宮赴宴，義渠王不疑有他，欣然赴約，哪知道秦宣太后早已設好埋伏，等義渠王一到，就將他抓起來伏誅。令人不解的是，秦宣太后與義渠王私通長達三十年，建立深厚的感情，就算不看兩國多年交誼，也該看在兩個孩子的爸分上，網開一面才是，怎麼會在此時出爾反爾，將義渠王「誘殺之」呢？

49 秦宣太后羋月：中國第一位號為「太后」者，丈夫秦惠文王逝世後，在異父弟魏冉幫助下，公子稷繼位，即秦昭襄王。秦昭襄王年幼，由宣太后主政，並任用弟弟魏冉、羋戎以及兒子公子悝、公子市等四貴輔政，限制秦昭襄王的權力。

50 義渠王：東周時期活躍於涇水北部至河套地區的一支古代民族，與秦、魏抗衡，成為當時雄踞一方的少數民族強國。秦昭襄王繼位時，義渠王前來朝賀，宣太后與義渠王私通，生有兩子。後秦昭襄王與宣太后日夜密謀攻滅義渠之策。

時機① 見微知著，覺察檯面下的動作

大凡一個優秀的領導者，必有獨到的眼光，能察覺某些細微的徵兆，羋月恰是其中的佼佼者。當初秦武王猝死，未能及時立下繼承人，身居後宮第五等的羋八子，何以能搶在前後兩任太后所推的嬴壯之前，先將自己兒子送上王位？就是因為羋月察覺兩任太后有異於平常的動作，她進一步分析局勢，認為王位繼承戰雖有風險，卻也是個機會，只要做好裡應外合的動作，就能搶先一步拔得頭籌。

誘殺義渠王的行為也是，史料完全沒有提到羋月殺義渠王的原因，但這個事關重大的動作，豈會是臨時起意之作？義渠王必然有些檯面下的動作為羋月所察覺，也許是暗中枕戈待旦，想要一舉消滅大秦；也許是其他國家私下與義渠王聯繫，想要共同進攻大秦，這讓羋月驚覺，無論自己怎麼放軟身段，義渠都仍會是威脅，既是如此，釜底抽薪的辦法就是除之而後快，所以羋月甘受出爾反爾之譏，連跟義渠王當面對質也沒有，就直接誅殺他，因為她早已將利害關係分析清楚，多餘的質問，只有讓事情更複雜。

自古將相帝王都知道出爾反爾的嚴重後果，所以才會說：「君無戲言。」但有時候

卻非得這麼做不可。試想，如果芈月沒有誅殺義渠王，可能秦國不保；若殺義渠王，原屬義渠王的西部領地盡收秦之囊中，如此一來，秦國不僅擴張了疆土，而且西部邊陲不再有後顧之憂，你說芈月該不該出爾反爾？

時機②　當機立斷，在關鍵點上改弦易轍

另一情況是，如果已經得知大勢已變，卻沒有當場改弦易轍，恐怕只是養虎為患，所以不得不做出爾反爾的決定。即使是三國時代以仁德信諾著稱的劉備，也曾經自打嘴巴。當時曹操送別陳宮，此時已淪為階下囚的呂布請劉備幫忙說情，劉備答應了，可是等到曹操回來後，呂布向曹操求情說：「現在曹公最大的憂患，就是我呂布，而我既然已經為您所打敗，只要您為大將，我為副將輔佐，天下何愁不能手到擒來？」此時曹操詢問劉備的意見，但劉備卻說：「曹公難道忘記他的義父丁原、董卓都是什麼樣的下場嗎？」呂布睜大了眼睛瞪著劉備說：「你這個背信的小人。」隨後就被曹操斬首了。而令我們好奇的是，為什麼才前後幾分鐘而已，劉備就出爾反爾，對呂布失信呢？

其實劉備原本是愛惜人才，想要對呂布施恩賜惠，好把這個猛將納入自己陣營。這

是為了自己的壯大著想，原本無可厚非，但呂布對曹操說的那一番話，讓劉備剎那間幡然悔悟，自己幫呂布說情是養虎為患。因為對呂布而言，同樣是救命恩人，劉備自己不過是代為說項的那個人，曹操才是真正放呂布一馬的人，所以呂布如果真的要效忠，勢必有先後之分，如果劉備志在天下，又怎麼可能將「得一將勝得一軍」的呂布拱手讓人？他當機立斷，除掉可能成為莫大後患的呂布，減少他立業之路的阻力。

於是我們發現，領導者之所以出爾反爾，必然是有深遠的考量。當局勢有所變化，或原本的承諾不再適用時，就必須「有意識」的破壞承諾，才能得到更大的利益。換言之，這些領導人不惜犧牲旁人對自己的信賴，其實是看得高、想得遠，出爾反爾縱然可能帶來不利的影響，但如果以「成敗論英雄」，自打嘴巴才可以保住利益，又有什麼不能改，或者改不了的呢？此舉對領導人來說，他也在賭，賭自己打破承諾的行為，是否會帶來更大的利益，是否會得到眾人日後更大的信賴。

出爾反爾的時機

時機①　見微知著，覺察檯面下的動作

時機②　當機立斷，在關鍵點上改弦易轍

領導人的一言九鼎很重要，但是面對現代商場的瞬息萬變，很多時候政策必須跟著相應調整。但無論怎麼樣的通權達變，總有些原則是不能改變的，像是企業成立的初衷就不應該「改變」，但可以隨著時代「改進」，原因是企業成立的初衷代表一種信念和價值觀；領導人的言行或許因應局勢必須出爾反爾，但不能違背企業成立的初衷，因為這關乎商場信譽及大眾觀感。

作為一個企業領導人，除了出爾反爾的時機需要仔細權量以外，一個公司的變與不變，也值得領導人細細思辨。

其實當老闆累得比狗還不如？

創業路辛苦，當老闆的跪著也得走完。從明清皇帝生活看，好領導事多錢少、犧牲享樂，希望帶動員工賣命，可說是「責任越重，生活越苦」。

電影《蜘蛛人》裡，蜘蛛人的叔叔在死前對他說了一句經典名言：「能力越大，責任越重。」這句話在職場也適用。很多人都以為老闆訂下的規則是為了約束員工，老闆自己則不受限制。但實際的情況是，好老闆對自己立下的規則，做得常常比員工更到位，因為他們明白，若自己沒有以身作則，就不能立下良好風氣，當然也就不能讓員工戮力以赴。

古代的好皇帝也是如此，很多人以為他們有享不盡的奢華，其實適得其反。以年節為例，歷代皇帝每到逢年過節，都得遵循古禮祭祀，其繁文縟節多不勝數；過年時企業年終是看該年是否賺錢，決定發放多少比例，但皇帝則是得拿自己私房錢想辦法給年終。一起看看好皇帝的生活有多苦？錢少、事多、就連吃也是清茶素餃。

一 為錢少苦　領薪水度日，私房錢發年終

詩經有言：「率土之濱，莫非王土。」我們總以為皇帝作威作福，全天下的土地與財富都可任意取用，可是實情並非如此。至少從宋代起，皇帝這個「職位」就有固定薪資，當時皇帝的薪資稱為「好用」，每個月一千二百緡，換算成現在幣值，年薪大約是新台幣兩千萬元，看起來很多嗎？其實並不然。

因為皇帝沒事就要「賞賜」、「恩典」一下，逢年過節還要發給群臣紅包和年終，可以想見，這筆錢很容易就捉襟見肘。所以到明代，皇帝會積攢自己的小金庫，叫作「內

帑」，這筆錢與國家財政分開，是皇帝的私房錢；清代皇帝也領工資，稱為「體己銀子」，每年都由戶部按月撥給內務府，用於皇帝日常使用或作為賞賜等生活開支。

如果這筆私房錢很快就因為好面子、排場闊綽就用光，那該怎麼辦呢？所以有時候，皇帝會兼營副業，像是明武宗[51]朱厚照，就曾公開與民爭利，開起「皇家客棧」。根據明史記載，當時皇帝特許太監開設寶源、吉慶二皇店，所謂皇店，就是皇帝特許並賜名號，由皇親國戚、太監權貴們開設的客店，收入不受官府管理，利潤通通都收入皇帝的小金庫。當時皇店是特許行業，不用繳稅，賺錢又快，分號也越開越多，據說明武宗因此一年至少多得白銀八萬兩的盈餘，但即使多了這筆收入，皇帝的私房錢有時還是不太夠用。

二 為事多苦　民間放大假，皇帝要加班值勤

儘管電視劇中皇帝可憑個人好惡為所欲為，不過對清代皇帝來說可不是這樣，滿清入關之後，記取明代昏君的教訓，定下諸般規矩，讓繼位的皇帝無法懈怠，即使逢年過節也不例外。

清代春節一般從農曆十二月二十三日起到一月二十日左右結束，將近一個月的時間民眾放大假，但這段期間皇帝的工作卻比平常更繁重。待除夕一過，皇帝就必須親筆書寫吉祥話，賜給王公大臣，這有點像是總統府印製賀歲春聯及紅包袋給民眾討吉利，但古代皇帝卻沒有印刷機，皇帝只能一張一張親筆寫，儘管沒有硬性規定寫多少張，但還是要顧慮到群臣祈求皇上恩典的心情，至少寫個十幾張是免不了的。

一般人除夕守歲後，初一都可以晚睡晚起，但皇帝可沒有這個福利。根據《清史稿．禮志》記載，大年初一大清早一起，皇帝就要登上太和殿，接受文武百官集體拜年，行三跪九叩大禮，朝拜完了也不得閒，必須進行各式各樣的重大祭禮，像是乾隆就會固定到北京北海闡福寺祭祀，直到下午四時才能和后妃舉行家宴，稍微喘息一下。

別以為只有清代皇帝規矩多，宋代皇帝也不遑多讓，根據南宋吳自牧所著《夢粱錄》記載，大年初一清晨四點不到，皇帝就必須起床穿戴整齊，在宮裡焚香祝禱祭拜天地，

51明武宗：明朝第十一代皇帝。追求解放，生活嬉樂胡鬧，荒淫無度，寵信宦官、建立豹房，強徵處女、孌童入宮，有時也搶奪有夫之婦；又信仰密宗、回教等，施政荒誕不經。但另一方面，他為人剛毅果斷，寸斬劉瑾，平定安化王、寧王之亂，並在應州大捷中打敗達延汗。

祭拜完成後接受文武百官及外國使節的朝拜，朝拜完畢還必須賜宴，與眾人觀賞歌舞表演，大約要忙到快中午時分，才能結束大年初一這場「元日大朝會」。

(二) 為清淡苦　民間過年大魚大肉，皇帝只有清茶素餃

除夕夜的團圓飯，一般人家裡都會準備得豐盛些，北方習慣在春節時間吃餃子討吉利，象徵招財進寶。在清宮，也有吃水餃的習俗，宮裡把水餃稱為「餑餑」，照說既然是過年時皇帝要吃的餃子，就算不是山珍海味，最起碼也應該是大魚大肉，可惜完全不是這麼回事，皇帝吃的是不折不扣的素餃子。

原來，清朝皇室信佛，除夕春節敬佛用素餃，祈求佛菩薩保佑新的一年平安素淨，而皇帝吃的餃子，就是和敬佛素餃同一鍋煮出來的，這種「御用素餃」，以乾菜、蘑菇、筍絲為內餡，這要是在民間肯定覺得太過寒酸，可偏偏皇帝過年沒有別的選擇，就算再肚餓嘴饞，也只能用素餃子果腹。

大過年吃素餃子還不打緊，就連酒也不能多喝。尤其女真人來自酷寒的北方，特別

喜歡喝酒驅寒，因此平時宴客總是大口吃肉，大碗喝酒，可是酒喝多了容易誤事，所以滿清入關之後，在新年賜宴時，準備的不是火辣辣的烈酒，而是酒精濃度稍低的黃米酒，而且要是王公大臣連喝黃米酒都飲酒過量，那可是要受懲罰的；到了康熙時要求更嚴苛，過年推行「禁酒令」，設下文茶宴和武茶宴，明令以茶代酒，希望以身作則，改變女真人喝酒不加節制的壞習慣。

古代皇帝逢年過節勤於公務、儉於宴飲，根本無法好好放縱一下，無非就是要立下良好的榜樣，望天下人起而效尤。孫中山先生曾說：「聰明才力越大者，當盡其能力以服千萬人之務，造千萬人之福。」這也是主宰生殺大權的老闆們「有為者亦若是」的心情。如果見到你的老闆也如此苦命，平常累得跟狗一樣，放假也無法輕鬆，這時你不妨給他點掌聲，因為這種能奢華而不奢華的以身作則，才能真正為公司帶來美好未來。

好皇帝生活有三苦

㈠為錢少苦　領薪水度日，私房錢發年終

㈡為事多苦　民間放大假，皇帝要加班值勤

㈢為清淡苦　民間過年大魚大肉，皇帝只有清茶素餃

我們都以為，帝王大權在握，主宰人們生死，應該可以為所欲為。但事實上，大部分的帝王都害怕留下千古臭名，不僅對公務兢兢業業，有時甚至比大臣還要勤政，就像清世宗雍正為後世留下洋洋灑灑數十萬言的「硃批奏摺」。

為什麼他們非得過得這麼辛苦不可呢？那是因為如果想要好好統治天下，那就必須犧牲一己之享樂，以身作則，才能引領群臣起之效尤，公司老闆也是一樣，如果有個創造業績的遠大目的在前，老闆也必須以身作則，才能帶動員工賣命。因此，別再羨慕生在帝王家，因為他們可是「責任越重，生活越苦」。

後主阿斗接班的裝傻大智慧

面對高尚的「董事長父親」和強勢的「能臣總經理」，蜀漢後主劉禪告訴你，縱然被抹黑成扶不起的阿斗，他如何以迂迴、和緩之勢，成為三國在位最久的君主。

目前台灣的家族企業比例是兩岸三地最高的，超過七成上市櫃公司是家族企業，營收占全台GDP九成，因此「二代接班」這個議題對於企業發展至關重要。第二代接班人的能力在初期很容易被人拿來跟上一代比較，最常遇到的評論是，接班人御下沒有老董來得有魄力，在重要決策上也彷彿沒有自己的主見，甚至會任意改變公司的經營方針。

公司營運不佳，大家固然會質疑二代接班人的能力，但奇怪的是，如果公司業績變好，還是有很多人都認為那是老董和老臣奠定的基礎。這也讓許多二代認為接掌家族企業是一種不得不背負的「原罪」，而「二代接班人」就代表一個有過無功的苦差事。看到這裡，你有沒有似曾相識的感覺？沒錯，三國時代有個人活脫脫就是這樣的情況，那就是蜀漢後主劉禪。

說起一般人對他的觀感，十個大概有八個認為他不成材，除了《三國演義》故事中所塑造「扶不起的阿斗」的形象之外，還來自於蜀漢亡國在他的手上。在《三國志．蜀書．後主傳》中，清楚記述了他面對亡國的態度：劉禪出降後，封為安樂公，移居到洛陽，某天司馬昭設宴款待劉禪，故意命人表演蜀地歌舞，當時蜀漢舊臣聽了紛紛掩面痛哭，惟獨劉禪怡然自得，司馬昭看了好奇的問他說：「安樂公是否思念蜀？」劉禪回答：「此間樂，不思蜀也。」司馬昭聽了哈哈大笑，從此對他放心，後來這也成為成語「樂不思蜀」的由來。看起來，劉禪當真是個扶不起的阿斗，就連亡國了也無所謂。但這是真的嗎？

我們先進一步分析劉備病逝之後的蜀漢國勢，可能會和你印象中的「阿斗」大相逕庭，原因是劉禪在位共四十一年，是三國君主中在位最久的；諸葛亮死後，劉禪還主事長達三十年，如果蜀漢只是單靠劉備與諸葛亮的餘蔭，國祚萬不可能延續這麼久，這個事實也讓人詫異：莫非這阿斗其實是裝傻，事實上他比孔明更孔明？

智慧① 拉攏不著痕跡，深諳招撫人才之道

從幾件事裡，可以看出劉禪治國高明的一面。在《魏略》中記載了一件事：諸葛亮死後十五年，曹魏右將軍夏侯淵之子夏侯霸，因懼怕司馬氏勢盛而遭誅，叛逃到蜀漢，當時後主劉禪親自出城迎接，夏侯霸非常感動。

但這份感動裡卻有個疙瘩，原來他的父親夏侯淵當初是被劉備部將黃忠所殺，也就是說，兩人間接有殺父之仇，史書上沒有說夏侯霸是否介意此事，但我認為他既然選擇投奔蜀漢，應該形同放棄追究了，但這並不代表劉禪忘卻了此事，劉禪在接見夏侯霸時，特別對他說：「你父親之所以會遇害，實在不是我先人所為。」這是把罪過全推到已死的黃忠身上，但隨後卻又指著自己兒子說：「我的兒子還是你的外甥呢！」這個親戚關係來自於劉禪的皇后是張飛的女兒，張飛之妻正是夏侯淵的堂妹。倘若劉禪真的昏庸

無能，不可能會運用這麼曲折的姻親拉攏關係；如果這些利害關係是旁人所教，劉禪不會運用得這麼不著痕跡，所以後來夏侯霸死心塌地跟在劉禪身邊，赴湯蹈火在所不辭。

大凡一個領導者在接納對手的人才時，最難處理的就是舊時的心懷芥蒂。因為施恩不難，但是要能抹去過去的芥蒂而且能做到不著痕跡，才是最大的挑戰，而劉禪高明的地方是，在接見夏侯霸時把兒子帶在身邊。在三國時代，多的是爾虞我詐的詐降與反叛，如果說夏侯霸是奉命詐降蜀漢，也不會有人懷疑，要是一般的君王肯定會多所防備，但劉禪偏偏把兒子帶在身邊，因為他深知，要讓夏侯霸完全放下戒心，只有展現十足的誠意，自己的親生兒子就是最好的安撫工具。如此看來，劉禪不僅不如我們所想像的昏庸無能，而且還深諳招撫人才之道。

智慧② 大局為重，以和緩之勢消解內部對立

同樣的高明，還表現在他與諸葛亮的互動上。接班後他對諸葛亮可以有三種選擇，一是直接革除能臣，二是留存能臣但拔權，以上兩種做法都能顯示自己的能力，證明自己是英明的領袖。但表面上繼承了大統的劉禪，一無戰功，二無人氣，憑什麼要求先帝

手下的眾多能臣驍將聽從他的指揮呢？除了以大局為重，盡量委曲求全之外別無他法，於是劉禪縮身為尺，盡力避讓，將諸葛亮當作父親一般尊敬。

劉備逝世後，政事無論大小，全都交由諸葛亮決定，但是後主劉禪對諸葛亮的一切舉措真的都認同嗎？那倒也未必。像是他曾對諸葛亮說：「相父南征，遠涉艱難；方始回都，坐未安席；今又欲北征，恐勞神思。」意思是「相父你南征遠涉非常艱苦，好不容易才回來，蓆子都還沒坐熱，又要北伐，恐怕太過勞心勞力了。」這話明著是安慰諸葛亮的辛勞，實則是迂迴表示自己對北伐的不認同。

因為照常理忖度，劉禪如果認同北伐是第一要務，只會叮嚀諸葛亮忙碌之餘不忘休息，何必來句「恐勞神思」呢？這一如老闆面對出貨壓力，但他不是叫你即使熬夜也要抽時間休息，反而是叫你直接不要熬夜工作一樣，明為叮囑、實則要你放棄。聰明如諸葛亮，一定聽得出劉禪話裡的意思，但他當作不知道，表面謝過劉禪的關心，依然一意孤行，上《出師表》堅持北伐。

此時劉禪並未與諸葛亮就此翻臉，反而是讓他放手去做，直到諸葛亮病逝五丈原後，才停止這種空耗國力的北伐。我們從中可以看到，劉禪身為領導者，他如何以迂迴、和緩之勢，試圖消解與智囊團的對立，同時展現和諧來凝聚上下。

智慧③ 保全性命，以憨傻之姿鬆懈敵方戒心

那我們要回過頭問，這麼一個高明的君主，為什麼會回答出「樂不思蜀」的蠢話呢？原來，劉禪與父親最不一樣的是，他從小看多了爭權奪利。

劉備身邊雖然人才濟濟，但始終面對一個燙手山芋，就是來自不同勢力的派系鬥爭，例如劉備眼中勇冠三軍的趙雲，為何分封時被忽略，身後才由劉禪追謚為順平侯？就是因為被其他名將排擠，無法累積戰功。而劉備死時，他託孤的對象除了諸葛亮，還有另一個有能力卻個性孤傲的李嚴，為什麼呢？原因也是李嚴為舊劉表派勢力的代表。

即便連託孤這事，劉備也要考量到平衡新舊勢力，諸葛亮自然也清楚這種權力鬥爭，但他選擇的方法是「算無遺策」，也就是全盤掌控派系鬥爭，最終還把同為顧命大臣的李嚴殺了，但當時劉禪其實並不想這麼做。劉禪自小看多了權力鬥爭的風起雲湧，深深明白，父親一生最大的心力不是花費在如何與三國豪傑爭雄，而是如何弭平檯面下

的暗濤洶湧，因此他在繼位之初，選擇放手讓諸葛亮拚搏，等諸葛亮死後，才以保全蜀漢為要務，停止北伐；而在洛陽面對司馬昭的質疑時，他則表現自己的昏庸無能，以避免殺身之禍。

他之所以回答「樂不思蜀」，一來可鬆懈司馬昭的戒心，二是保全性命、伺機而動，因為誰也不知道中興之時什麼時候會到來，只要能保有用之身，就有機會翻身，這原本就是他父親劉備在面對群雄競逐時常用的方法，劉禪只是用得更徹底而已。

陳壽在正史《三國志》上曾記載，劉備給劉禪的遺詔中有這麼一段話：「射君到，說丞相嘆卿智量，甚大增修，過於所望，審能如此，吾復何憂？勉之，勉之。」這段話的意思是，諸葛亮對射君稱讚劉禪的智慧，射君又將這讚辭告訴了劉備，劉備很高興予以勉勵。《晉書．李密傳》中也記載，李密認為劉禪可與春秋首霸齊桓公相比，齊桓公得管仲而成霸業，劉禪得諸葛亮而與強魏抗衡。由此可見，劉禪非魯鈍之人，而是因為在接班前，他面對的是一個對外形象良好、道德高尚的「董事長父親」；接班後，他面對的是一個強勢又工於心計的「能臣總經理」，所以被誤解、被刻意抹黑，《三國志》中陳壽藉其臣子之口說劉禪「通明智達」，算是還一個公道。

看了劉禪的際遇，或許二代接班人會覺得自己所處的境遇好一些，而在職場上面對第二代接班人時，不妨多想想那些「看似無能」的決策，是否受到其他因素影響，或有更多不同角度的考量？倘若二代接班後的經營成果還不錯，那也代表接班人韜光養晦的智慧，一定比你料想的要高明許多。

二代接班的智慧

智慧①　拉攏不著痕跡，深諳招撫人才之道
智慧②　大局為重，以和緩之勢消解內部對立
智慧③　保全性命，以憨傻之姿鬆懈敵方戒心

俗語說「富傳不過三代」，原因是富家後世子孫養成驕奢風氣，容易敗掉家業，而為了避免家族基業不保，二代接班的問題備受重視，但接班人也因此很容易被拿來跟前一代做比較，表現不如預期，很容易留下負評，表現得太過積極，恐又激化內部對立。所以這一篇不只是為蜀漢後主劉禪翻案，也證明他並非一般人心目中那個「扶不起的阿斗」。只是劉禪身為接班人的做法與表現方式與前一代不同，而且這當中還蘊藏了他身為三國君主中在位最久的大智慧。

不宮鬥也能強大

作者	陳啟鵬
商周集團榮譽發行人	金惟純
商周集團執行長	王文靜
視覺顧問	陳栩椿
商業周刊出版部	
總編輯	余幸娟
責任編輯	方沛晶
封面設計	FE DESIGN 葉馥儀
內頁排版	中原造像
校對	渣渣
出版發行	城邦文化事業股份有限公司 - 商業周刊
地址	104 台北市中山區民生東路二段 141 號 4 樓
傳真服務	（02）2503-6989
劃撥帳號	50003033
戶名	英屬蓋曼群島商家庭傳媒股份有限公司城邦分公司
網站	www.businessweekly.com.tw
香港發行所	城邦（香港）出版集團有限公司 香港灣仔駱克道 193 號東超商業中心 1 樓 電 話：(852)25086231　傳 真：(852)25789337 E-mail：hkcite@biznetvigator.com
製版印刷	中原造像股份有限公司
總經銷	聯合發行股份有限公司　電話：（02）2917-8022
初版 1 刷	2019 年 01 月
初版 2.5 刷	2019 年 04 月
定價	340 元
ISBN	978-986-7778-45-1（平裝）

國家圖書館出版品預行編目（CIP）資料

不宮鬥也能強大／陳啟鵬著. -- 初版. --
臺北市：城邦商業周刊, 2019.01
面；　公分
ISBN 978-986-7778-45-1（平裝）

1. 職場成功法　2. 歷史故事

494.35　　107022158

藍學堂

學習・奇趣・輕鬆讀